# 正の数・

合格点 **80**点

得点　　　点

解答 ➡ P.61

**1** 次の計算をしなさい。(8点×6)

(1) $10 - (-6)$

(2) $12 - (-7) + (-5)$

(3) $-6.8 + (-9.7) - (-3.4)$

(4) $-\dfrac{7}{6} - \left(-\dfrac{3}{4}\right) - \left(+\dfrac{5}{12}\right)$

(5) $-3 \times (-12) \times (-2)$

(6) $(-9) \div \left(-\dfrac{3}{5}\right)^2$

**2** 次の計算をしなさい。((1)～(4)8点×4, (5)・(6)10点×2)

(1) $(-72) \div (-9) \times (-3)$

(2) $(-7) \times 4 - 48 \div (-6)$

(3) $(-2)^3 - 5 \times (-3)^2$

(4) $-14 + (-13 + 5^2) \div (-4)$

(5) $-\dfrac{1}{10} \div \left\{\dfrac{2}{3} - \left(-\dfrac{8}{15}\right)\right\}$

(6) $-\dfrac{3}{4} - \left(-\dfrac{1}{2}\right) \times \left(-\dfrac{2}{3}\right)^2$

**1** 次の問いに答えなさい。(15点 × 2)

(1) 絶対値が 2 以上 5 未満の整数をすべて書きなさい。

(2) $-\dfrac{2}{3}$, $-0.7$, $-\dfrac{3}{4}$ の大小を, 不等号を使って表しなさい。

**2** 次の問いに答えなさい。(15点 × 2)

(1) 5 つの整数 $-4$, $-2$, $0$, $3$, $5$ から異なる 2 つの整数を選んで積をつくります。積がもっとも小さくなる 2 つの数を書きなさい。

(2) 56 にできるだけ小さい自然数をかけて, ある整数の 2 乗にしたいと思います。どんな数をかければよいか求めなさい。

**3** 右の表は, バスケットボール部員 A 〜 E の 5 人の身長が, 165cm より何 cm 高いかを示したものです。(20点 × 2)

| 部員 | A | B | C | D | E |
|---|---|---|---|---|---|
| 165cm との ちがい(cm) | +9 | −4 | +6 | 0 | −1 |

(1) 身長のいちばん高い部員は, 身長のいちばん低い部員より何 cm 高いか求めなさい。

(2) 5 人の身長の平均を求めなさい。

合格点 **80** 点

得 点

点

解答 ➡ P.61

**1** 次の計算をしなさい。(5点×4)

(1) $7a - (-3a) - 12a$

(2) $(2x - 6) + (-8x + 15)$

(3) $(-4x^2 + 3x) - (-6x^2 + 7x)$

(4) $\left(\dfrac{2}{3}a - \dfrac{1}{6}b\right) - \left(\dfrac{1}{4}a - b\right)$

**2** 次の計算をしなさい。(8点×6)

(1) $-3(2x - 5)$

(2) $(28a - 12b) \div (-4)$

(3) $2(-4x + 9) + 6(x - 2)$

(4) $4(x^2 + 2x) - 5(3x - 1)$

(5) $\left(\dfrac{5}{6}a - \dfrac{2}{9}\right) \times 18$

(6) $\dfrac{7x - 2y}{5} - \dfrac{6x - 2y}{3}$

**3** 次の計算をしなさい。(8点×4)

(1) $3ab^2 \times ab$

(2) $x^3 \div xy \times (-y^2)$

(3) $-12x^2y \div \dfrac{3}{4}xy$

(4) $(-3a)^3 \times (-6b) \div 9ab$

# 式 の 計 算 ②

| | |
|---|---|
| 合格点 | **80**点 |
| 得 点 | 点 |

解答 ➡ P.62

**1** 次の式の値を求めなさい。(12点 × 2)

(1) $x=-4$ のとき， $-\dfrac{1}{2}x^2-3x$

(2) $a=6$， $b=-\dfrac{1}{4}$ のとき， $32a^2b\div(-8a)$

 (2) 先に式を簡単にしよう。

**2** 次の等式を〔 〕内の文字について解きなさい。(12点 × 2)

(1) $18x=6y+3$ 〔$y$〕

(2) $m=\dfrac{a+b+c}{3}$ 〔$a$〕

**3** 底辺が 8cm で，高さが底辺より $a$cm 短い三角形の面積を $S$cm$^2$ とするとき， $S$ を $a$ を使って表しなさい。(16点)

**4** 1個120円のチョコレートを $a$ 個と，1個230円のケーキを $b$ 個買うと，代金は 1000 円未満になりました。このときの数量の関係を不等式で表しなさい。(16点)

**5** 5，7，9 のように 3 つ続いた正の奇数の和は 3 の倍数になります。このわけを，いちばん小さい奇数を $2n+1$（$n$ は 0 以上の整数）として，文字を使って説明しなさい。(20点)

**1** 次の計算をしなさい。(5点×4)

(1) $3x(2x-6y)$

(2) $-a(5a-8b)$

(3) $(4a-12b) \times \dfrac{3}{4}a$

(4) $(3x-y+6) \times (-3x)$

**2** 次の計算をしなさい。(10点×4)

(1) $(6x^2y-9xy^2) \div 3xy$

(2) $(8ab^2-12a^2b+4ab) \div (-2a)$

(3) $(2x^2+xy) \div \dfrac{1}{3}x$

(4) $(10ab-15ab^2) \div \dfrac{5}{2}b$

**3** 次の計算をしなさい。(10点×4)

(1) $x(x-2)+4x(x-2)$

(2) $5a(4-a)+6a(3a-1)$

(3) $3x(x-7)-x(2x+1)$

(4) $-\dfrac{2}{3}a(a-6b)+a(a-6b)$

**1** 次の式を展開しなさい。(5点 × 4)

**(1)** $(a-6)(2a+5)$

**(2)** $(2x-3y)(x-y)$

**(3)** $(a-4)(a+3b-7)$

**(4)** $(3x+y-1)(2x-3y)$

**2** 次の式を乗法公式を使って展開しなさい。(10点 × 8)

**(1)** $(x+3)(x+2)$

**(2)** $(x+6)(x-4)$

**(3)** $(a-2)(a-7)$

**(4)** $(y-8)(y+5)$

**(5)** $\left(y+\dfrac{1}{2}\right)\left(y+\dfrac{1}{3}\right)$

**(6)** $\left(x-\dfrac{1}{5}\right)\left(x+\dfrac{3}{5}\right)$

**(7)** $(x-2y)(x+3y)$

**(8)** $(a+3b)(a+4b)$

合格点 **80**点

得点

点

解答 ➡ P.63

**1** 次の式を展開しなさい。(8点×4)

(1) $(x+5)^2$

(2) $(a-4)^2$

(3) $(m+n)^2$

(4) $\left(y-\dfrac{1}{2}\right)^2$

**2** 次の式を展開しなさい。(8点×4)

(1) $(x+8)(x-8)$

(2) $(x-4)(x+4)$

(3) $(y+6)(6-y)$

(4) $\left(a-\dfrac{2}{3}\right)\left(a+\dfrac{2}{3}\right)$

**3** 次の式を展開しなさい。(9点×4)

(1) $(3x-1)(3x-6)$

(2) $(-4a+3)(-4a-7)$

(3) $(5x+3)^2$

(4) $\left(\dfrac{1}{2}a-6b\right)^2$

**1** 次の式を計算しなさい。(10点 × 6)

(1) $(a+4)^2+(a-6)(a-1)$

(2) $(x-5)^2-(x-8)(x+3)$

(3) $4(a+2)^2-(a-2)^2$

(4) $2(x+3)^2-(x-2)(x+2)$

(5) $(a+4)(a-4)-2(a+3)(a-5)$

(6) $(2x-3)(2x-1)+3(x-4)^2$

**2** 次の式を展開しなさい。(10点 × 4)

(1) $(x+y+2)(x+y-7)$

(2) $(a+b-3)(a+b+3)$

(3) $(x+y+z)^2$

(4) $(a-b-5)^2$

同じ部分を $X$ に
おきかえよう。

**1** 次の式を因数分解しなさい。(8点×6)

(1) $3ax - 9ay$

(2) $4xy + 2x^2$

(3) $12a^2b - 18ab$

(4) $-x^2y - xy^2$

(5) $4ax^2 + 8ax - 16a$

(6) $3x^2y - 6xy^2 + 9xy$

**2** 次の式を因数分解しなさい。((1)〜(4)8点×4, (5)·(6)10点×2)

(1) $x^2 + 7x + 10$

(2) $y^2 - 5y + 6$

(3) $x^2 + 6x - 16$

(4) $y^2 - 3y - 28$

(5) $a^2 + 9a - 36$

(6) $x^2 - 16x + 28$

**1** 次の式を因数分解しなさい。(8点 × 4)

(1) $x^2 + 6x + 9$

(2) $a^2 + 18a + 81$

(3) $x^2 + 14x + 49$

(4) $y^2 + 20y + 100$

**2** 次の式を因数分解しなさい。(8点 × 4)

(1) $x^2 - 8x + 16$

(2) $a^2 - 10a + 25$

(3) $x^2 - 16x + 64$

(4) $y^2 - y + \dfrac{1}{4}$

**3** 次の式を因数分解しなさい。(9点 × 4)

(1) $x^2 - 16$

(2) $25 - a^2$

(3) $x^2 - \dfrac{16}{25}$

(4) $\dfrac{1}{9} - a^2$

**1** 次の式を因数分解しなさい。 ((1)～(4)8点×4, (5)・(6)9点×2)

(1) $x^2 + 18xy + 81y^2$

(2) $4a^2 - 12ab + 9b^2$

(3) $25x^2 - 49y^2$

(4) $12x^2y - 75yz^2$

(5) $-3x^2 + 18x - 27$

(6) $2x^2y - 10xy + 8y$

**2** 次の式を因数分解しなさい。 ((1)～(4)8点×4, (5)・(6)9点×2)

(1) $(2x-1)^2 - (x+5)^2$

(2) $(a-3)^2 - 4(a-3) - 12$

(3) $(y+7)^2 - 8(y+7) + 16$

(4) $(x+y)^2 + (x+y) - 6$

(5) $x^2 - 6x + 9 - y^2$

(6) $ab - b - 3a + 3$

**1** 次の式を，くふうして計算しなさい。(8点 × 6)

(1) $104^2$

(2) $97^2$

(3) $43 \times 57$

(4) $28 \times 126 - 78 \times 126$

(5) $75^2 - 25^2$

(6) $4.5^2 - 5.5^2$

**2** 次の式の値を求めなさい。(14点 × 2)

(1) $x=12$, $y=6$ のとき，$4x^2 + 4xy + y^2$

(2) $x^2 + y^2 = 21$, $xy = -6$ のとき，$(x-y)^2$

**3** 連続した2つの正の奇数について，大きいほうの奇数の2乗から，小さいほうの奇数の2乗をひいた結果は8の倍数になります。このことを，小さいほうの奇数を $2n-1$（$n$ は自然数）として，証明しなさい。(24点)

# 平 方 根

**1** 次の数の平方根を求めなさい。(5点×6)

(1) 7

(2) 15

(3) 25

(4) 64

(5) $\dfrac{9}{49}$

(6) 0.09

**2** 次の数を根号を使わずに表しなさい。(6点×6)

(1) $\sqrt{81}$

(2) $-\sqrt{64}$

(3) $\sqrt{\dfrac{9}{16}}$

(4) $\sqrt{(-6)^2}$

(5) $(-\sqrt{15})^2$

(6) $-\sqrt{(-7)^2}$

**3** 次の数の大小を，不等号を使って表しなさい。(8点×3)

(1) $\sqrt{10}$, $\sqrt{11}$

(2) $\sqrt{37}$, 6

(3) $-\sqrt{26}$, $-5$

**4** 次の数で，(1)，(2)にあてはまるものをすべて答えなさい。(5点×2)

$$\dfrac{2}{3},\ \sqrt{3},\ 0.79,\ \sqrt{10},\ 7,\ \sqrt{16}$$

(1) 無理数

(2) 有理数

分数，小数は
どちらかな？

—13—

**1** 次の数を $\sqrt{a}$ の形に表しなさい。(6点×2)

(1) $2\sqrt{3}$

(2) $3\sqrt{10}$

**2** 次の数を $a\sqrt{b}$ の形に表しなさい。ただし，根号の中の数はできるだけ小さい自然数で表しなさい。(6点×3)

(1) $\sqrt{18}$

(2) $\sqrt{192}$

(3) $\sqrt{0.03}$

**3** 次の計算をしなさい。(6点×6)

(1) $\sqrt{5}\times\sqrt{11}$

(2) $\sqrt{3}\times\sqrt{27}$

(3) $\dfrac{\sqrt{75}}{\sqrt{3}}$

(4) $\sqrt{42}\div\sqrt{6}$

(5) $\sqrt{18}\times\sqrt{32}$

(6) $4\sqrt{3}\times2\sqrt{6}$

**4** 次の数の分母を有理化しなさい。(6点×3)

(1) $\dfrac{4}{\sqrt{3}}$

(2) $\dfrac{2}{\sqrt{8}}$

(3) $\dfrac{3}{5\sqrt{6}}$

**5** 次の計算をしなさい。(8点×2)

(1) $2\sqrt{3}\div\sqrt{8}$

(2) $-3\sqrt{6}\div\sqrt{15}$

**1** 次の計算をしなさい。(6点×6)

(1) $3\sqrt{6} + 5\sqrt{6}$

(2) $\sqrt{2} - 5\sqrt{5} + 3\sqrt{2} - \sqrt{5}$

(3) $\sqrt{8} + \sqrt{2}$

(4) $\sqrt{112} - \sqrt{28}$

(5) $\sqrt{75} - \sqrt{48} + \sqrt{12}$

(6) $\sqrt{24} + \sqrt{8} - \sqrt{18} + \sqrt{54}$

**2** 次の計算をしなさい。(8点×4)

(1) $3\sqrt{2} + \dfrac{8}{\sqrt{2}}$

(2) $\sqrt{24} - \dfrac{3}{\sqrt{6}}$

(3) $\dfrac{6}{\sqrt{28}} - \sqrt{63}$

(4) $2\sqrt{54} - \sqrt{\dfrac{3}{2}} + \dfrac{3\sqrt{6}}{2}$

**3** 次の計算をしなさい。(8点×4)

(1) $\sqrt{5}\,(3 + \sqrt{15})$

(2) $\sqrt{7}\,(\sqrt{42} - 2\sqrt{14})$

(3) $4\sqrt{2}\,(\sqrt{18} + \sqrt{27})$

(4) $3\sqrt{6}\,(\sqrt{2} + 2\sqrt{12})$

# 平方根の計算 ②

合格点 **80**点
得点
点
解答 ➡ P.66

**1** 次の計算をしなさい。(10点 × 6)

(1) $(4\sqrt{2} - 3)(\sqrt{3} - 2)$

(2) $(\sqrt{6} - 2)(\sqrt{6} + 5)$

(3) $(\sqrt{2} + \sqrt{6})^2$

(4) $(4\sqrt{3} - 1)^2$

(5) $(7 + \sqrt{8})(7 - 2\sqrt{2})$

(6) $(3\sqrt{2} + 2\sqrt{3})(3\sqrt{2} - 2\sqrt{3})$

**2** 次の計算をしなさい。(10点 × 2)

(1) $(\sqrt{7} - \sqrt{2})(\sqrt{7} - 2\sqrt{2}) + \dfrac{4\sqrt{7}}{\sqrt{2}}$

(2) $(\sqrt{3} + \sqrt{2})^2 - (\sqrt{18} - \sqrt{27})(\sqrt{2} + \sqrt{3})$

**3** 次の式の値を求めなさい。(10点 × 2)

(1) $a = \sqrt{5} + 1$, $b = \sqrt{5} - 5$ のとき,
$ab$

(2) $x = 2 + \sqrt{3}$ のとき,
$x^2 - 4x$

**1** 次の問いに答えなさい。（15点 × 2）

**(1)** $\sqrt{10}$ の整数部分を求めなさい。

**(2)** $\sqrt{10}$ の小数部分を $a$ とするとき，$a(a+6)$ の値を求めなさい。

**2** $n$ を自然数とします。$\sqrt{540n}$ が自然数となるときの $n$ のうちで，もっとも小さい値を求めなさい。（30点）

**3** $\sqrt{7}=2.646$，$\sqrt{70}=8.367$ として，次の値を求めなさい。（10点 × 4）

**(1)** $\sqrt{700}$

**(2)** $\sqrt{7000}$

**(3)** $\sqrt{0.7}$

**(4)** $\sqrt{63}$

# 1次方程式

**1** 次の方程式を解きなさい。(10点×4)

(1) $3x - 7 = -25$

(2) $9x + 2 = 4x - 8$

(3) $2(7x - 4) + 5 = 6x - 9$

(4) $3(9x - 2) + 2 = 5(6x - 8)$

**2** 次の方程式を解きなさい。(10点×4)

(1) $3.7x + 7.6 = 5.2x - 2.9$

(2) $0.2x - 0.05 = -0.3x + 0.07$

(3) $\dfrac{1}{6}x - 2 = \dfrac{3}{4}(x - 1)$

(4) $\dfrac{x+3}{2} = \dfrac{3x-2}{5}$

**3** 次の比例式を解きなさい。(10点×2)

(1) $(x + 6) : 18 = 2 : 9$

(2) $5 : 7 = x : (x + 24)$

**1** $x$ についての方程式 $0.8x+0.3a-2x=9$ の解が $-4$ のとき，$a$ の値を求めなさい。（20点）

**2** ある自然数に 4 をたして 3 倍した数は，その自然数の 5 倍から 14 をひいた数と等しいといいます。ある自然数を求めなさい。（20点）

**3** 何人かの生徒に，あめを同じ数ずつ分けます。1 人に 5 個ずつ分けると 10 個余り，1 人に 7 個ずつ分けると 6 個たりません。生徒の人数とあめの個数をそれぞれ求めなさい。（30点）

**4** 弟が 2km 離れた公園に向かって家を出発しました。それから 12 分たって，兄が弟の忘れ物に気づき，自転車で同じ道を追いかけました。弟は毎分 80m の速さで，兄は毎分 240m の速さで進むものとすると，兄は出発してから何分後に弟に追いつきますか。兄が家を出発してから $x$ 分後に弟に追いつくとして，1 次方程式をつくって求めなさい。（30点）

# 20 連立方程式

合格点 80点
得点　　点
解答 ➡ P.67

**1** 次の連立方程式を解きなさい。（16点×5）

(1) $\begin{cases} 4x+5y=8 \\ 3x+2y=-1 \end{cases}$

(2) $\begin{cases} 2x+3y=4 \\ y=3x-6 \end{cases}$

(3) $\begin{cases} -0.6x-0.5y=1 \\ 4x+9y=16 \end{cases}$

(4) $\begin{cases} \dfrac{x}{2}-\dfrac{y}{3}=2 \\ 2x-5y=-3 \end{cases}$

(5) $5x+7y=9x+y+22=2x+3y+9$

**2** 連立方程式 $\begin{cases} ax+by=1 \\ bx-ay=13 \end{cases}$ の解が，$x=2$，$y=-1$ であるとき，$a$，$b$ の値を求めなさい。（20点）

**1** 1本200円のバラと1本150円のカーネーションを合わせて9本入れて，代金の合計がちょうど1600円の花束をつくってもらいます。バラとカーネーションの本数をそれぞれ求めなさい。(30点)

**2** 生徒数が38人のある学級では，男子の$\dfrac{1}{3}$と女子の$\dfrac{1}{4}$が自転車で通学していて，その人数の合計は11人です。この学級の男子，女子それぞれの人数を求めなさい。(30点)

**3** ゆいさんは8時に家を出発して，1200m離れた駅に向かいました。はじめは毎分50mの速さで歩いていましたが，列車に乗りおくれそうになったので，途中から毎分80mの速さで走ったら，駅に8時21分に着きました。歩いた道のりと走った道のりをそれぞれ求めなさい。

(40点)

# 22 2次方程式 ①

得 点　　　　点

解答 ➡ P.68

**1** 次の方程式のうち，2次方程式はどれですか。すべて選びなさい。(10点)

ア $x^2-8=0$　　　　　　　イ $x^2+2x+6=0$

ウ $x^2-6x+5=3+x^2$　　エ $(x-1)^2=0$

オ $(x+7)(x-2)=x^2$　　カ $x(x-1)=2x$

**2** 1, 2, 3, 4, 5 のうち，2次方程式 $x^2-6x+8=0$ の解になるものを いいなさい。(10点)

**3** 次の方程式を解きなさい。(10点 × 4)

(1) $x^2=49$　　　　　　　(2) $x^2-81=0$

(3) $6x^2=54$　　　　　　　(4) $9x^2-11=0$

**4** 次の方程式を解きなさい。(10点 × 4)

(1) $(x-3)^2=16$　　　　　(2) $(x+1)^2=8$

(3) $(x-4)^2-25=0$　　　　(4) $4(x-2)^2-12=0$

**1** 次の方程式を解きなさい。(8点×6)

(1) $(x-9)(x+2)=0$

(2) $x(x-7)=0$

(3) $x^2+9x=0$

(4) $x^2-5x-6=0$

(5) $x^2-12x+32=0$

(6) $x^2+16x+64=0$

**2** 次の方程式を解きなさい。(8点×4)

(1) $x^2-4x=6x-24$

(2) $(x+1)^2=8x+17$

(3) $(x-2)(x+6)=2x+3$

(4) $2x^2+4x-6=0$

**3** 2次方程式 $x^2+4x+2=0$ を次のようにして解きなさい。(10点×2)

(1) この方程式を $(x+▲)^2=●$ の形に変形しなさい。

(2) 解を求めなさい。

# 24 2次方程式 ③

合格点 **80**点

得 点

点

解答 ➡ P.68

---

**1** 2次方程式の解の公式について，次の☐にあてはまる式を書きなさい。(4点×3)

2次方程式 $ax^2 + bx + c = 0$ の解は，

$$x = \frac{\boxed{①} \pm \boxed{②}}{\boxed{③}}$$

正確に覚えよう。

---

**2** 次の方程式を，解の公式を利用して解きなさい。(10点×4)

**(1)** $x^2 + 3x - 5 = 0$

**(2)** $7x^2 - 6x - 2 = 0$

**(3)** $x^2 + 8x + 4 = 0$

**(4)** $5x^2 - 4x - 2 = 0$

---

**3** 次の方程式を，解の公式を利用して解きなさい。(12点×4)

**(1)** $2x^2 - 7x - 4 = 0$

**(2)** $3x^2 + 2x - 8 = 0$

**(3)** $9x^2 - 12x + 4 = 0$

**(4)** $5x^2 + 8x - 4 = 0$

**1** 2次方程式 $x^2-3x+2a=0$ の1つの解が7であるとき，$a$ の値を求めなさい。また，もう1つの解を求めなさい。（10点 × 2）

**2** 2次方程式 $x^2+ax+b=0$ の解が3，$-4$ のとき，$a$，$b$ の値をそれぞれ求めなさい。（30点）

**3** 大小2つの数があり，その和は9で，積は $-36$ になるといいます。この2つの数を求めなさい。（20点）

**4** 連続する3つの正の整数があります。いちばん大きい数の2乗は他の2つの数の2乗の和より32小さいといいます。これらの3つの数を求めなさい。（30点）

## 2次方程式の利用 ②

**1** 右の図のように，長さ 20cm の線分 AB があり，点 P は A を出発して AB 上を B まで動きます。PA，PB を直角をつくる1辺とする2つの直角二等辺三角形をつくるとき，この2つの直角二等辺三角形の面積の和が 104cm$^2$ となるのは，点 P が A から何 cm 動いたときですか。(20点)

**2** 右の図のように，AD＝30cm，DC＝15cm の長方形 ABCD があります。この長方形の周上を，点 P は B から C まで毎秒 2cm，点 Q は点 P と同時に A を出発して B まで毎秒 1cm の速さで，それぞれ矢印の方向に動きます。(25点×2)

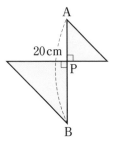

(1) 点 P が C に到着するまでの間で，出発してから $x$ 秒後の△QBP の面積を $x$ の式で表しなさい。

(2) △QBP の面積が 36cm$^2$ になるのは，点 P が B を出発してから何秒後ですか。

**3** 縦 15m，横 18m の長方形の土地に右の図のような同じ幅の通路をつくることにしました。通路の面積が 90m$^2$ になるようにするには，通路の幅を何 m にすればよいですか。

(30点)

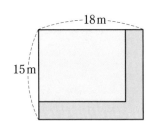

**1** 次の(1), (2)について, $y$ を $x$ の式で表しなさい。また, $x=-6$ のときの $y$ の値を求めなさい。(8点×4)

**(1)** $y$ は $x$ に比例し, $x=4$ のとき, $y=-10$ である。

**(2)** $y$ は $x$ に反比例し, $x=2$ のとき, $y=9$ である。

**2** 次の(1)~(4)は比例と反比例のグラフです。$y$ を $x$ の式で表しなさい。

(8点×4)

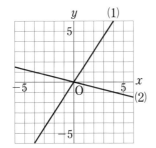
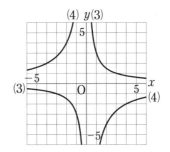

**3** 右の図のように, $y=ax$ …①, $y=\dfrac{12}{x}$ $(x>0)$ …②のグラフがあり, その交点 A の座標は $(3, b)$ です。このとき, $a$, $b$ の値を求めなさい。また, ②のグラフ上にあり, $x$ 座標と $y$ 座標がともに自然数である点の個数を求めなさい。(12点×3)

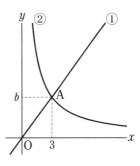

# 1 次 関 数

**1** $y=-2x-1$ で，$x$ の変域が $-3 \leqq x \leqq 1$ のときの $y$ の変域を求めなさい。（10点）

**2** 次の条件を満たす 1 次関数の式を求めなさい。（15点 × 2）
(1) $x$ が 3 だけ増加すると，$y$ は 2 だけ減少し，$x=3$ のとき $y=5$ です。

(2) グラフが 2 点 $(-4, 1)$，$(-12, -5)$ を通る直線

**3** 次の問いに答えなさい。
(1) 右の図の直線①〜③の式を求めなさい。また，直線①と②の交点の座標を求めなさい。

（10点 × 4）

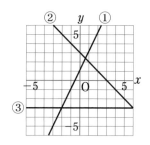

(2) 次の方程式のグラフをかきなさい。（10点 × 2）
① $2x+3y+6=0$　　② $4x+12=0$

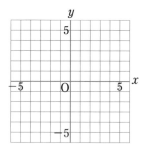

合格点 80点

得点

点

解答 ➡ P.70

# 29 1次関数の利用

**1** 右の図のように，直線 $\ell$ は 2 点 A(2, 3)，B(6, 1) を通り，点 C で $x$ 軸と交わっています。点 A と原点を結んで△AOC をつくるとき，次の問いに答えなさい。(20点 × 2)

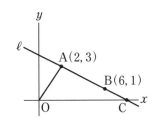

(1) 直線 $\ell$ の式を求めなさい。

(2) 点 A を通り，△AOC の面積を 2 等分する直線の式を求めなさい。

**2** 右の図の長方形 ABCD で，点 P は，A を出発して，毎秒 2cm の速さでこの長方形の周囲を B，C，D の順に D まで動きます。点 P が A を出発してから $x$ 秒後の三角形 APD の面積を $y$cm$^2$ として，次の問いに答えなさい。

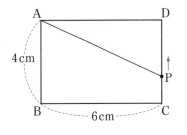

(1) 点 P が辺 AB 上を動くときの $x$ の範囲を不等号を使って表しなさい。また，そのときの $y$ を $x$ の式で表しなさい。(10点 × 2)

(2) 点 P が辺 BC，CD 上を動くとき，$y$ を $x$ の式で，$x$ の範囲を不等号を使ってそれぞれ表しなさい。

(10点 × 2)

(3) 点 P が A から D まで動くときの $x$ と $y$ の関係をグラフに表しなさい。(20点)

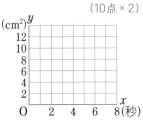

－29－

**1** 次の(1)〜(4)について，$y$ を $x$ の式で表しなさい。また，$y$ が $x$ の 2 乗に比例するものには○，しないものには×をつけなさい。(5点×8)

(1) 直角二等辺三角形の直角をはさむ 2 辺の長さを $x$cm，面積を $y$cm$^2$ とする。

(2) 半径が $x$cm の円の円周を $y$cm とする。

(3) 縦が 6cm，横が $x$cm の長方形の面積を $y$cm$^2$ とする。

(4) 底面の半径が $x$cm，高さが 14cm の円錐の体積を $y$cm$^3$ とする。

**2** $y$ が $x$ の 2 乗に比例するとき，次の問いに答えなさい。(15点×4)

(1) $x=2$ のとき $y=16$ です。このとき，$y$ を $x$ の式で表しなさい。

(2) $x=3$ のとき $y=-18$ です。$x=-2$ のときの $y$ の値を求めなさい。

(3) $x=-2$ のとき $y=10$ です。$y=40$ のときの $x$ の値を求めなさい。

(4) $x=4$ のとき $y=20$ です。$y=45$ のときの $x$ の値を求めなさい。

# ③1 関数 $y=ax^2$ のグラフ

**1** 次の問いに答えなさい。

(1) 関数 $y=x^2$ について，次の表の空らんにあてはまる数を入れなさい。(3点×7)

| $x$ | $-3$ | $-2$ | $-1$ | $0$ | $1$ | $2$ | $3$ |
|---|---|---|---|---|---|---|---|
| $y$ | | | | | | | |

(2) 上の表をもとにして，右の図に，$y=x^2$ のグラフ
をかきなさい。(12点)

(3) 右の図に，$y=\dfrac{1}{2}x^2$ のグラフをかきなさい。(17点)

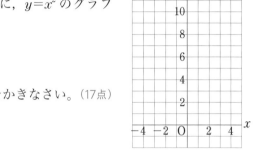

**2** 次のア～カの関数のグラフについて，あとの問いに答えなさい。(10点×5)

ア $y=-3x^2$ イ $y=\dfrac{1}{2}x^2$ ウ $y=\dfrac{1}{3}x^2$

エ $y=-2x^2$ オ $y=4x^2$ カ $y=2x^2$

(1) グラフが下に開いた形のものをすべて答えなさい。

(2) グラフの開き方がもっとも大きいものはどれですか。

(3) グラフの開き方がもっとも小さいものはどれですか。

(4) グラフが $x$ 軸について対称であるものはどれとどれですか。

(5) 点 A $(3,\ 3)$，点 B $(-4,\ 8)$は，それぞれどのグラフ上の点ですか。

# 32 関数 $y=ax^2$ と変域

**1** 関数 $y=\dfrac{1}{3}x^2$ について，次の問いに答えなさい。（10点×4）

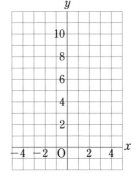

**(1)** 右の図に，この関数のグラフをかきなさい。

**(2)** $x=-3$ のときの $y$ の値を求めなさい。

**(3)** $x$ の変域が $1 \leqq x \leqq 3$ のとき，$y$ の変域を求めなさい。

**(4)** $x$ の変域が $-3 \leqq x \leqq 1$ のとき，$y$ の変域を求めなさい。

**2** 次の関数について，$y$ の変域を求めなさい。（10点×4）

**(1)** $y=-3x^2$ $(2 \leqq x \leqq 5)$

**(2)** $y=\dfrac{1}{2}x^2$ $(-4 \leqq x \leqq -2)$

**(3)** $y=2x^2$ $(-5 \leqq x \leqq 2)$

**(4)** $y=-\dfrac{1}{4}x^2$ $(-2 \leqq x \leqq 6)$

**3** 関数 $y=ax^2$ について，$x$ の変域が $-1 \leqq x \leqq 4$ のとき，$y$ の変域は $0 \leqq y \leqq 24$ になります。$a$ の値を求めなさい。（20点）

# 33 関数 $y=ax^2$ の変化の割合

**1** 関数 $y=3x^2$ について，$x$ の値が次のように増加するときの変化の割合を求めなさい。(10点 × 2)

(1) 0 から 4 まで          (2) −3 から −1 まで

**2** 関数 $y=-\dfrac{1}{2}x^2$ について，$x$ の値が次のように増加するときの変化の割合を求めなさい。(10点 × 2)

(1) 2 から 6 まで          (2) −4 から −2 まで

**3** 次の問いに答えなさい。(20点 × 3)

(1) 関数 $y=ax^2$ について，$x$ の値が 1 から 3 まで増加するときの変化の割合が −6 でした。このとき，$a$ の値を求めなさい。

(2) 関数 $y=2x^2$ について，$x$ の値が $a$ から $a+2$ まで増加するときの変化の割合が 8 でした。このとき，$a$ の値を求めなさい。

(3) 2 つの関数 $y=ax^2$ と $y=-3x$ について，$x$ の値が 2 から 4 まで増加するときの変化の割合が等しいとき，$a$ の値を求めなさい。

合格点 **80**点

得 点

点

解答 ➡ P.72

**1** ある電車が時速 $x$km で走っているとき，ブレーキをかけてから止まるまでに進んだ距離を $y$m とすると，$y$ は $x$ の 2 乗に比例します。$x=50$ のとき，$y=50$ でした。(20点 × 2)

(1) $y$ を $x$ の式で表しなさい。

(2) ブレーキをかけた地点から 162m で止まるのは，時速何 km で走っているときですか。

**2** 右のグラフは，ある鉄道会社の電車の 20km までの乗車距離と運賃の関係を表したものです。ただし，グラフの○はその距離をふくまず，●はその距離をふくむことを表しています。(10点 × 6)

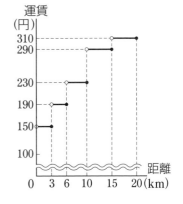

運賃
(円)

(1) 次の距離だけ離れた駅の間を電車に乗るとき，運賃はそれぞれ何円ですか。

① 5km    ② 15km

(2) 次の運賃で乗れる，乗車距離 $x$(km) の範囲をそれぞれ不等号を使って表しなさい。

① 150 円    ② 230 円

(3) 運賃と距離の関係について，□にあてはまる言葉を書きなさい。

① □□□□ がちがっても，② □□□□ が同じ区間がある。

4km でも 6km でも
同じ運賃だね。

# 35 関数 $y=ax^2$ の利用 ①

**1** 右の放物線は，$y=ax^2(a>0)$ のグラフで，四角形 ABCD は長方形です。点 A の $x$ 座標が 3 であるとき，次の問いに答えなさい。

(15点 × 2)

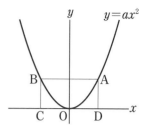

**(1)** 長方形 ABCD の面積を $a$ を使って表しなさい。

**(2)** 長方形 ABCD が正方形になるとき，$a$ の値を求めなさい。

**2** 右の図のように，放物線 $y=\frac{1}{4}x^2$ のグラフ上に，2 点 A，B があります。A，B の $x$ 座標がそれぞれ，$-2$，$4$ であるとき，次の問いに答えなさい。

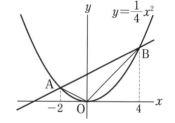

**(1)** 2 点 A, B を通る直線の式を求めなさい。(20点)

**(2)** △AOB の面積を求めなさい。また，原点 O を通り，△AOB の面積を 2 等分する直線の式を求めなさい。(15点 × 2)

**(3)** 放物線 $y=\frac{1}{4}x^2$ 上の点で，2 点 A，B の間に，△AOB＝△APB となるような点 P をとります。点 P の座標を求めなさい。(20点)

# 関数 $y=ax^2$ の利用 ②

**1** 右の図のような直角三角形 ABC があります。点 P, Q は頂点 A を同時に出発し，毎秒 1cm の速さで矢印の向きに辺上を動き，点 P, Q はそれぞれ頂点 B, C に到着したら止まるものとします。点 P, Q が点 A を出発してから $x$ 秒後の△APQ の面積を $y$cm$^2$ とします。

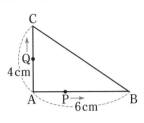

(1) 5秒後の△APQ の面積を求めなさい。(20点)

(2) 次の①，②について，$y$ を $x$ の式で表しなさい。また，$x, y$ の関係を表すグラフをかきなさい。(10点×3)
　　① $0 \leqq x \leqq 4$ のとき　　② $4 \leqq x \leqq 6$ のとき

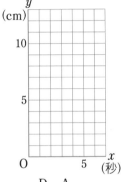

**2** 右の図のような2つの合同な直角二等辺三角形 ABC と DEF があります。△DEF は，直線 $\ell$ に沿って矢印の方向に毎秒 2cm の速さで動いていきます。点 F が点 B の位置にきたときから $x$ 秒後の△DEF と△ABC の重なった部分の面積を $y$cm$^2$ とします。

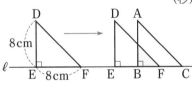

(1) 点 F が点 B から C まで動くとき，$x$ と $y$ の関係を式に表しなさい。(30点)

(2) (1)の関数について，$x$ と $y$ の変域をそれぞれ求めなさい。(10点×2)

**1** 右の図のおうぎ形について，次の問いに答えなさい。(20点 × 2)

(1) このおうぎ形の弧の長さを求めなさい。

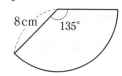

(2) このおうぎ形の面積を求めなさい。

**2** 次の問いに答えなさい。(20点 × 2)

(1) 下の図形 ABCD を，直線 ℓ を軸として，対称移動してできる図形 A′B′C′D′ をかきなさい。

(2) 下の図の△ABC を，点 O を中心として，180°回転移動してできる△A′B′C′ をかきなさい。

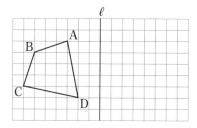

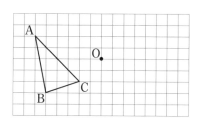

**3** 右の図のように，直線 ℓ 上の点 P と ℓ 上にない点 Q があります。点 P を通り，直線 ℓ に垂直な直線上にあり，∠PQR＝60°となる点 R を作図しなさい。(20点)

# 38 空間図形

**1** 右の図のような六角柱があります。

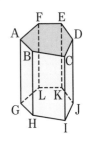

(1) 面 ABCDEF と平行な辺をすべて答えなさい。(10点)

(2) 面 AGHB と垂直な面をすべて答えなさい。(10点)

(3) 辺 AB とねじれの位置にある辺をすべて答えなさい。(14点)

**2** 次の投影図で表される立体は何か答えなさい。(12点 × 3)

(1)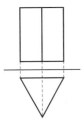

(2)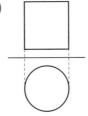

(3)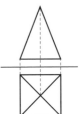

**3** 次の図形を直線ℓを軸として，1回転させると，どんな立体ができますか。その立体の名まえを答えなさい。(10点 × 3)

(1) 長方形

(2) 直角三角形

(3) 半円

合格点 **80** 点

得 点

点

解答 ➡ P.73

**1** 次の立体の表面積を求めなさい。(12点 × 2)

(1)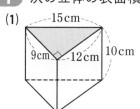

(2)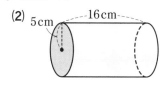

**2** 次の正四角錐と円錐の表面積を求めなさい。(14点 × 2)

(1)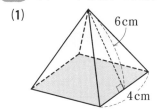

(2)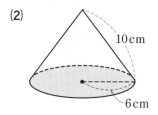

**3** 次の立体の体積を求めなさい。(12点 × 2)

(1)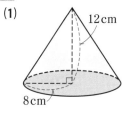

(2)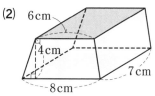

**4** 右の図の球の表面積と体積をそれぞれ求めなさい。

(12点 × 2)

# ④0 図形と角

**1** 次の図で，ℓ // m のとき，∠x の大きさを求めなさい。(10点 × 2)

(1)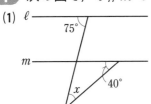

(2)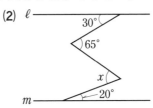

**2** 次の問いに答えなさい。(10点 × 2)

(1) 九角形の内角の和を求めなさい。

(2) 外角の和は何度だったかな？

(2) 正十二角形の1つの外角の大きさを求めなさい。

**3** 次の図で，∠x の大きさを求めなさい。(15点 × 4)

(1)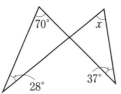

(2) (同じ印をつけた角の大きさは等しい)

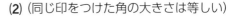

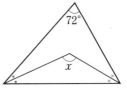

(3)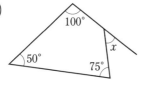

(4)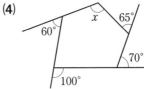

# 図形の合同

**1** 右の図で,Mは△ABCの辺ACの中点です。BMを延長してその直線上にDM=BMとなる点Dをとるとき,AB=CDであることを次のように証明しました。□をうめなさい。(10点×5)

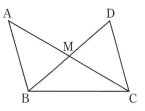

〔証明〕 △ABM と△ **(1)** □ で,

仮定から, **(2)** □ ……①

BM=DM ……②

対頂角は等しいから, ∠AMB=∠ **(3)** □ ……③

①,②,③から, **(4)** □ ので,

△ABM≡△ **(1)** □

したがって, **(5)** □

**2** 右の図のような,AB=BC,CD=DA の四角形 ABCD があります。B と D を結ぶと,BD は∠ABC を 2 等分することを証明しなさい。

(50点)

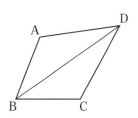

合格点 **80**点
得点
点

解答 ➡ P.74

**1** 右の図のように，△ABC の頂点 B，C から 2 辺 AC，AB にひいた垂線と AC，AB との交点を，それぞれ D，E とするとき，BD＝CE であれば △ABC が二等辺三角形になることを証明しました。□ をうめなさい。(10点×6)

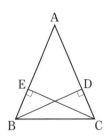

〔証明〕　△BCE と△CBD で，

仮定から，CE＝ (1)〔　　　　　〕　　　　　……①

∠CEB＝∠ (2)〔　　　　　〕＝90°　　　　……②

共通する辺は等しいから，(3)〔　　　　　　　〕　　……③

①，②，③から，(4)〔　　　　　　　　　　　　　　〕が

それぞれ等しいので，△BCE≡△CBD

したがって，∠EBC＝∠ (5)〔　　　　　〕より，

(6)〔　　　〕つの角が等しいから，△ABC は二等辺三角形である。

**2** 右の図のように，▱ABCD の対角線の交点 O を通る直線上に，2 点 P，Q を OP＝OQ になるようにとったとき，AQ∥CP であることを証明しなさい。(40点)

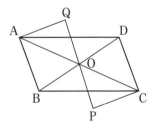

# 43 相似な図形

合格点 80点
得点　　点
解答 ➡ P.75

**1** 右の図のように，△ABC と点Oがあります。(20点×2)

A
O
C
B


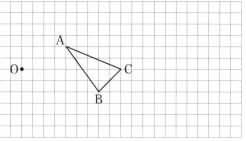

(1) 点Oを相似の中心として，△ABC の各辺を2倍に拡大した△A′B′C′ をかきなさい。

(2) (1)のとき，次の式が成り立ちます。□をうめなさい。

OA：OA′＝OB：① ＝OC：②

**2** 右の図で，四角形 ABCD∽四角形 GFEH です。(10点×3)

E
H
9cm
A
D
4cm
105°
70°
85°
B
6cm
C
F
G


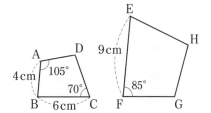

(1) 四角形 ABCD と四角形 GFEH の相似比をいいなさい。

(2) ∠B，∠H の大きさをそれぞれ求めなさい。

向きをそろえて
考えよう。


**3** 次の図で，△ABC∽△DEF のとき，$x$ の値を求めなさい。(15点×2)

(1)

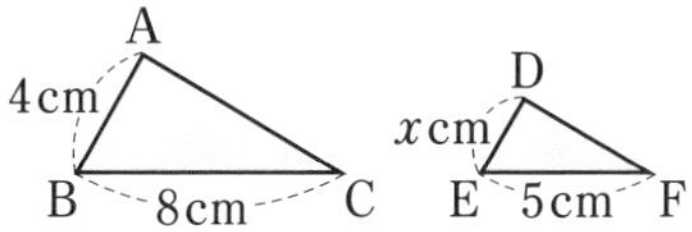

A
4cm
B
8cm
C
D
$x$cm
E
5cm
F


(2)

D
A
15cm
$x$cm
10cm
14cm
B
C
E
F

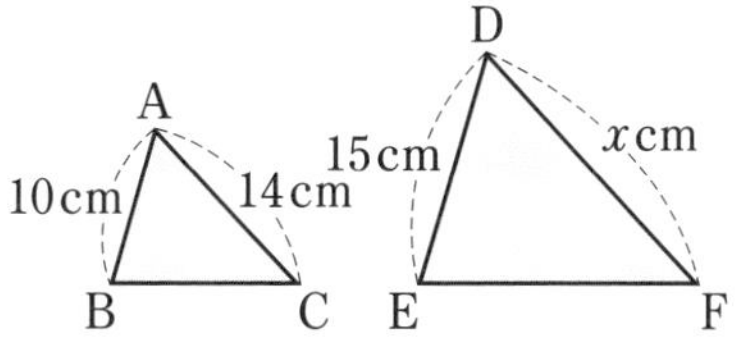

**1** 次の図の中から，相似な三角形の組を選びなさい。また，そのとき
に用いた相似条件をいいなさい。(20点×3)

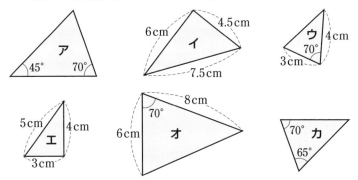

ア 45° 70°

イ 6cm 4.5cm 7.5cm

ウ 70° 4cm 3cm

エ 5cm 4cm 3cm

オ 8cm 70° 6cm

カ 70° 65°

**2** 次の図で，相似な三角形を記号∽を使って表しなさい。また，その
ときに用いた相似条件をいいなさい。(10点×4)

(1)

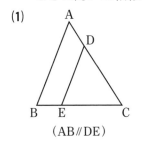

A
D
B E C

（AB∥DE）

(2)

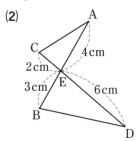

A
C
2cm 4cm
E
3cm 6cm
B
D

# 45 相似条件と証明

**1** 右の図のように，△ABC において，頂点 B から辺 AC へ，頂点 C から辺 AB へそれぞれ垂線 BD，CE をひくと，BD：CE＝AB：AC であることを次のように証明しました。 ◻ をうめなさい。(15点×4)

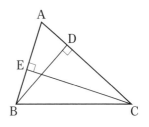

〔証明〕 △ABD と△ ◻(1) において，

∠A は共通 ……①

仮定から， ∠ADB＝∠ ◻(2) ＝90° ……②

①，②から， ◻(3) がそれぞれ等しいので，

△ABD∽△ ◻(1)

対応する ◻(4) は等しいから，

BD：CE＝AB：AC

**2** 右の図で，△ABC は正三角形で，∠BED＝60° となるように，BC 上に点 D，CA 上に点 E をとります。このとき，△ABE∽△CED であることを証明しなさい。(40点)

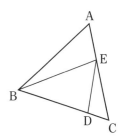

# 46 相似の利用

**1** まっすぐに1本の木が立っています。10m 離れた地点 P から，木の先端 A を見たら，水平方向に対して 35°上に見えました。目の高さを 1.5m として，木の高さ AB を，縮図をかいて求めなさい。（答え20点,縮図20点）

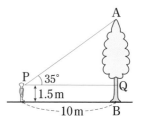

**2** 右の図のように，長さ 1m の棒 AB の影 BC の長さをはかったら，70cm ありました。このとき，ビルの影 EF の長さをはかると 6.3m でした。このビルの高さ DE を求めなさい。（20点）

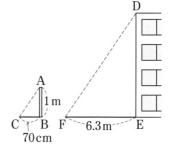

**3** 右の図について，次の問いに答えなさい。

（20点×2）

(1) △ABC∽△AED を証明しなさい。

(2) DE の長さを求めなさい。

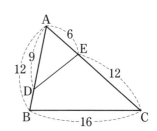

対応する辺は
どれかな？

# 47 平行線と線分の比 ①

**1** 次の図で，AB // CD とするとき，$x$，$y$ の値を求めなさい。(10点 × 4)

(1)
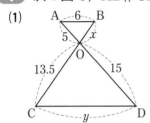

(2)
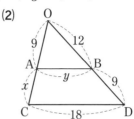

**2** 次の図で，$\ell$ // $m$ // $n$ のとき，$x$ の値を求めなさい。(15点 × 2)

(1)
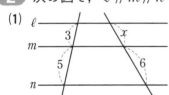

(2)
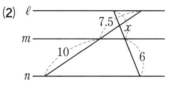

**3** 右の図のような AD // BC の台形 ABCD があり，対角線の交点を O とします。点 O を通る線分を EF とし，EF // BC とするとき，EF の長さを求めなさい。(30点)

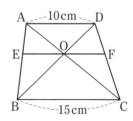

# 48 平行線と線分の比 ②

合格点 **80**点
得点　　　　点
解答 ➡ P.76

**1** 次の図で，$x$ の値を求めなさい。(25点 × 2)

**(1)** AD∥BC，AE＝EB，DF＝FC

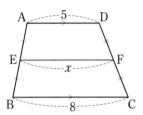

**(2)** AD＝DE＝EB，AF＝FC

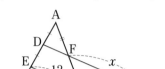

**2** 次の問いに答えなさい。

**(1)** △ABC の ∠A の二等分線と辺 BC との交点を D とするとき，AB：AC＝BD：DC となります。このことを，右の図のように，点 C を通り，AD に平行な直線をひき，BA の延長との交点を E として証明しなさい。(30点)

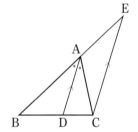

**(2)** 右の図の△ABC で，AD は ∠A の二等分線です。$x$ の値を求めなさい。(20点)

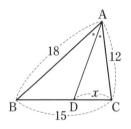

**1** 右の図のような，2つの相似な三角形があります。(16点×3)

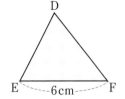

**(1)** △ABC と △DEF の相似比を求めなさい。

**(2)** △ABC と △DEF の面積比を求めなさい。

**(3)** △ABC の面積が $6cm^2$ であるとき，△DEF の面積を求めなさい。

**2** 右の図のような，2つの円錐(えんすい)があります。この2つの円錐が相似であるとき，次の問いに答えなさい。

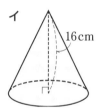

**(1)** 円錐アと円錐イの相似比を求めなさい。

(16点)

**(2)** 円錐アと円錐イの体積比を求めなさい。(18点)

**(3)** 円錐アの体積が $Vcm^3$ であるとき，円錐イの体積を求めなさい。(18点)

# 50 円周角①

**1** 次の図で，∠*x* の大きさを求めなさい。 ((1)〜(4)15点×4, (5)・(6)20点×2)

(1)

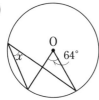

(2)

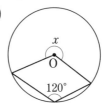

(3)

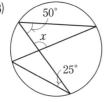

(4)

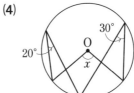

(5)

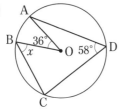

(6)

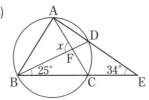

合格点 **80**点

得点

点

解答 ➡ P.77

**1** 次の図で，∠$x$ の大きさを求めなさい。(16点 × 2)

**(1)**

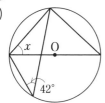

**(2)** ($\overparen{AB}=\overparen{AD}$)

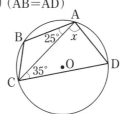

**2** 右の図の円 O で，$\overparen{AB}=\overparen{BC}$，∠BAD＝24°である
とき，次の問いに答えなさい。(17点 × 2)

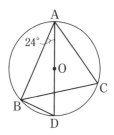

**(1)** ∠ADB の大きさを求めなさい。

**(2)** ∠DAC の大きさを求めなさい。

**3** 右の図のように，AC，BD は四角形 ABCD
の対角線で，それぞれ辺 BC，AD と垂直に交
わる。∠ABD＝35°，∠CAD＝30°のとき，次
の問いに答えなさい。(17点 × 2)

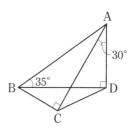

**(1)** ∠BAD の大きさを求めなさい。

∠ADB＝∠ACB＝90°か
ら何がいえるかな？

**(2)** ∠BDC の大きさを求めなさい。

**1** 右の図のように，円 O に外接する三角形で，辺 AC の長さを求めなさい。ただし，AB＝5cm, BC＝8cm, AP＝2cm とします。

（20点）

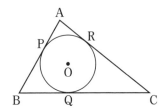

**2** 次の図で，$x$ の値を求めなさい。（20点×2）

**(1)**

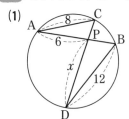

**(2)**

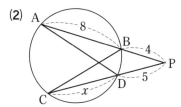

**3** 右の図のように，円周上の 3 点 A，B，C を頂点とする △ABC があります。∠BAC の二等分線が，辺 BC，$\overarc{BC}$ と交わる点を，それぞれ P，Q とするとき，△ABQ∽△BPQ であることを証明しなさい。（40点）

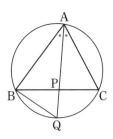

**1** 次の直角三角形で，$x$ の値を求めなさい。(10点 × 2)

(1)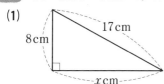

17cm
8cm
$x$cm

(2)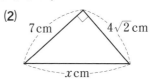

7cm　4$\sqrt{2}$cm
$x$cm

**2** 右の図のような AD∥BC の台形 ABCD につ
いて，次の問いに答えなさい。(14点 × 2)

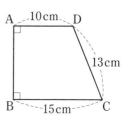

A　10cm　D
13cm
B　15cm　C

(1) 辺 AB の長さを求めなさい。

(2) 対角線 BD の長さを求めなさい。

**3** 3辺の長さが次のような三角形はどんな三角形ですか。下のア～ウか
ら，もっとも適するものを選びなさい。(8点 × 4)

(1) 6cm，8cm，10cm

(2) 5cm，5cm，5$\sqrt{2}$ cm

(3) 2cm，4cm，2$\sqrt{3}$ cm

(4) 2$\sqrt{3}$ cm，2$\sqrt{3}$ cm，3$\sqrt{2}$ cm

> ア 直角三角形　　イ 直角二等辺三角形　　ウ 二等辺三角形

**4** AB=12cm，BC=9cm の △ABC が直角三角形になるのは，AC が
何 cm のときですか。すべて求めなさい。(20点)

合格点 **80**点
得 点
点
解答 ➡ P.78

**1** 右の図の二等辺三角形ABCの高さAHと面積を求めなさい。(10点×2)

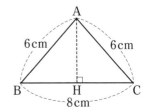

**2** 次の図で，(1)は $x$ の値，(2)は $x$ と $y$ の値を求めなさい。(12点×3)

(1)

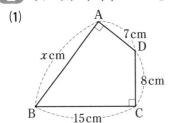

(2)

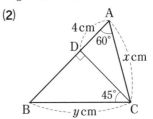

**3** 右の図のように，□ABCD の対角線 AC と BD の交点を O とします。BC＝12cm，∠BAC＝90°，∠ABC＝60°のとき，次の問いに答えなさい。(15点×2)

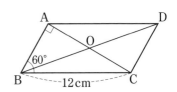

(1) □ABCD の面積を求めなさい。

(2) 対角線 BD の長さを求めなさい。

**4** 2点 A(7，2)，B(−1，−2)の間の距離を求めなさい。(14点)

**1** 次の問いに答えなさい。(15点 × 2)

(1) 1辺が12cm の正方形の対角線 AC の長さを求めなさい。

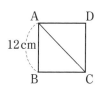

(2) 1辺が8cm の正三角形 ABC の面積を求めなさい。

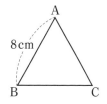

**2** 次の問いに答えなさい。(15点 × 2)

(1) 右の図の円 O の弦 AB の長さを求めなさい。

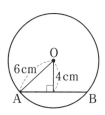

(2) 半径6cm の円 O と，中心から9cm 離れた点 P が
あります。点 P より円 O に接線をひき，その接点
を T とします。線分 PT の長さを求めなさい。

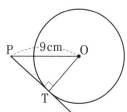

**3** 右の図のように，縦が6cm，横が8cm の長
方形 ABCD の紙を頂点 D が辺 BC の中点
M と重なるように折ります。このとき，CF
の長さを求めなさい。(40点)

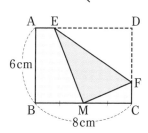

合格点 **80**点
得点
点

解答 ➡ P.78

**1** 右の図の直方体について，次の問いに答え
なさい。(15点 × 2)

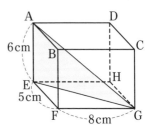

(1) △AEG の面積を求めなさい。

(2) 対角線 AG の長さを求めなさい。

**2** 右の図の直方体に，点 A から辺 BF を通っ
て点 G まで糸をかけます。かける糸の長さ
がもっとも短くなるときの，糸の長さを求め
なさい。(20点)

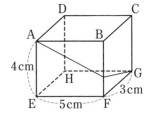

**3** 右の図は，1 辺が 6cm の立方体です。この立
方体を，点 A，C，F を通る平面で切断して
三角錐 ABCF を切り取るとき，次の問いに答
えなさい。

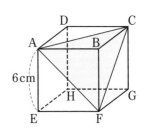

(1) 三角錐 ABCF の体積を求めなさい。(20点)

(2) 点 B から平面 ACF におろした垂線の長さを求めなさい。(30点)

**1** 右の図のような，底面が1辺6cmの正方形で，側面が1辺6cmの正三角形である正四角錐（せいしかくすい）があります。次の問いに答えなさい。(20点×2)

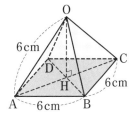

(1) 表面積を求めなさい。

(2) 体積を求めなさい。

**2** 右の図は円錐の展開図で，側面の部分は，半径18cm，中心角120°のおうぎ形です。

(20点×2)

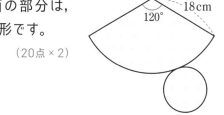

(1) 底面の半径を求めなさい。

(2) 組み立ててできる円錐の体積を求めなさい。

**3** 右の図のような1辺が8cmの正四面体OABCがあります。ABの中点をMとし，点CからMまで辺OB上の点Pを通るひもをかけます。ひもの長さがもっとも短いとき，CP＋PMの長さを求めなさい。(20点)

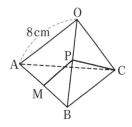

**1** 右の表は，あるクラスの男子 20 人の体重測定の結果(単位 kg)です。

| 42 | 48 | 54 | 40 | 39 | 42 | 53 |
|----|----|----|----|----|----|----|
| 46 | 50 | 44 | 36 | 41 | 49 | 45 |
| 51 | 43 | 57 | 48 | 47 | 41 |    |

(1) 右の度数分布表を完成しなさい。(15点)

(2) (1)でつくった度数分布表を，右のヒストグラムに表しなさい。
(15点)

(3) 階級が 40kg 以上 45kg 未満の相対度数を求めなさい。(10点)

(4) 度数分布表から最頻値を求めなさい。
(10点)

| 体重(kg) | 度数(人) |
|----------|----------|
| 以上　　未満 | |
| 35 〜 40 | |
| 40 〜 45 | |
| 45 〜 50 | |
| 50 〜 55 | |
| 55 〜 60 | |
| 計 | |

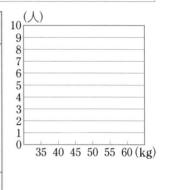

**2** 次のデータは，10 人の生徒のテストの結果です。

68, 74, 57, 83, 95, 78, 64, 86, 90, 71 (点)

次の問いに答えなさい。

(1) データの第 1 四分位数，第 2 四分位数 (中央値)，第 3 四分位数をそれぞれ求めなさい。(10点×3)

(2) データの四分位範囲を求めなさい。また，データの箱ひげ図をかきなさい。
(10点×2)

```
  ├──┼──┼──┼──┼──┤
  50  60  70  80  90  100(点)
```

# 59 確率

**1** 次の確率を求めなさい。(15点×3)

(1) 青玉3個，赤玉8個，白玉5個を入れた袋から，玉を1個取り出すとき，青玉または白玉が出る確率

(2) 2つのさいころを同時に投げるとき，出る目の数の和が5の倍数となる確率

(3) 3枚のコインを投げるとき，少なくとも1枚は表が出る確率

**2** 3，4，5の数字が1つずつ書かれた3枚のカードがあります。この3枚のカードを並べて3けたの整数をつくるとき，奇数になる確率を求めなさい。(15点)

**3** 4本のくじの中に2本の当たりくじが入っています。次の方法でくじをひくとき，少なくとも1本は当たる確率を求めなさい。(20点×2)

(1) このくじを1本ひき，それをもどさないでもう1本ひくとき

(2) このくじを1本ひき，それをもとにもどしてもう1本ひくとき

**1** 次のそれぞれの調査は，全数調査と標本調査のどちらですか。

(10点×4)

**(1)** かん電池の寿命調査

**(2)** 学校で行う体力テスト

**(3)** 国勢調査

**(4)** 政党の支持率調査

**2** 袋の中に赤玉と白玉が合わせて 350 個入っています。この袋の中から，30 個の玉を無作為に抽出したところ，抽出した玉のうち赤玉は 9 個でした。この袋の中には，およそ何個の赤玉が入っていると考えられますか。(20点)

**3** ある工場でつくった製品の中から，500 個の製品を無作為に抽出して調べたら，その中の 3 個が不良品でした。この工場でつくった 1 万個の製品の中には，およそ何個の不良品がふくまれていると考えられますか。(20点)

**4** 袋の中に白玉だけがたくさん入っています。同じ大きさの青玉 60 個を白玉の入っている袋に入れ，よくかき混ぜた後，その中から 20 個の玉を無作為に抽出して調べたら，青玉が 3 個ふくまれていました。袋の中の白玉の個数は，およそ何個と考えられますか。(20点)

# 解 答 編 数学1〜3年

## ▶数と式の計算

### 1　正の数・負の数 ①

❶ (1) 16　(2) 14　(3) $-13.1$　(4) $-\dfrac{5}{6}$

　 (5) $-72$　(6) $-25$

❷ (1) $-24$　(2) $-20$　(3) $-53$

　 (4) $-17$　(5) $-\dfrac{1}{12}$　(6) $-\dfrac{19}{36}$

**解き方考え方**

❶ (3) $-6.8+(-9.7)-(-3.4)$
$=-6.8-9.7+3.4=3.4-16.5$
$=-13.1$

❷ 累乗→かっこの中→乗除→加減の順に計算する。

　(4) $-14+(-13+5^2)\div(-4)$
$=-14+(-13+25)\div(-4)$
$=-14+12\div(-4)=-14+(-3)=-17$

　(6) $-\dfrac{3}{4}-\left(-\dfrac{1}{2}\right)\times\left(-\dfrac{2}{3}\right)^2$
$=-\dfrac{3}{4}-\left(-\dfrac{1}{2}\right)\times\dfrac{4}{9}=-\dfrac{3}{4}+\dfrac{2}{9}=-\dfrac{19}{36}$

### 2　正の数・負の数 ②

❶ (1) $-4$, $-3$, $-2$, 2, 3, 4

　 (2) $-\dfrac{3}{4}<-0.7<-\dfrac{2}{3}$

❷ (1) $-4$ と 5　(2) 14

❸ (1) 13cm　(2) 167cm

**解き方考え方**

❶ (1) 数直線で考える。

　(2) 負の数は，絶対値が大きいほど小さ

い。$\dfrac{2}{3}=0.66\cdots\cdots$, $\dfrac{3}{4}=0.75$ より，

$\dfrac{2}{3}<0.7<\dfrac{3}{4}$ だから，$-\dfrac{3}{4}<-0.7<-\dfrac{2}{3}$

❷ (1) $(-4)\times5=-20$ がもっとも小さい。

　(2) $56=2^3\times7$ より，$56\times(2\times7)=(2^2\times7)^2$
となるから，$2\times7=14$ をかければよい。

❸ (1) $(+9)-(-4)=9+4=13(\text{cm})$

　(2) $165+\dfrac{+9-4+6+0-1}{5}=165+\dfrac{10}{5}$
$=165+2=167(\text{cm})$

### 3　式の計算 ①

❶ (1) $-2a$　(2) $-6x+9$　(3) $2x^2-4x$

　 (4) $\dfrac{5}{12}a+\dfrac{5}{6}b$

❷ (1) $-6x+15$　(2) $-7a+3b$

　 (3) $-2x+6$　(4) $4x^2-7x+5$

　 (5) $15a-4$　(6) $\dfrac{-9x+4y}{15}$

❸ (1) $3a^2b^3$　(2) $-x^2y$　(3) $-16x$

　 (4) $18a^2$

**解き方考え方**

❷ 分配法則を使って，かっこをはずして計算する。(6)は通分して計算する。

　(6) $\dfrac{7x-2y}{5}-\dfrac{6x-2y}{3}$
$=\dfrac{3(7x-2y)-5(6x-2y)}{15}$
$=\dfrac{21x-6y-30x+10y}{15}=\dfrac{-9x+4y}{15}$

❸ (3) $-12x^2y\div\dfrac{3}{4}xy=-12x^2y\div\dfrac{3xy}{4}$
$=-12x^2y\times\dfrac{4}{3xy}=-16x$

　(4) $(-3a)^3\times(-6b)\div9ab$
$=-27a^3\times(-6b)\times\dfrac{1}{9ab}=18a^2$

## 4　式の計算②

**❶** (1) 4　(2) 6

**❷** (1) $y=\dfrac{6x-1}{2}$　(2) $a=3m-b-c$

**❸** $S=32-4a$

**❹** $120a+230b<1000$

**❺** 3つ続いた奇数は，$2n+1$，$2n+3$，
　　$2n+5$（$n$ は整数）と表せる。
　　したがって，それらの和は
　　$(2n+1)+(2n+3)+(2n+5)$
　　$=2n+1+2n+3+2n+5$
　　$=6n+9=3(2n+3)$
　　$2n+3$ は整数だから，$3(2n+3)$ は
　　3 の倍数になる。

**解き方 考え方**

**❶** (2) 式を簡単にしてから代入する。
　　$32a^2b\div(-8a)=-4ab$
　　　$=-4\times6\times\left(-\dfrac{1}{4}\right)=6$

**❷** (2) 両辺に 3 をかけると，
　　$3m=a+b+c$
　　左辺と右辺を入れかえると，
　　$a+b+c=3m$　　$a=3m-b-c$

**❹** 不等号は数量が大きいほうに開いて書
　　く。

**❺** $n=0,\ 1,\ 2,\ \cdots$ に対して，いちばん小
　　さい奇数は $2n+1$ と表すことができる。

## 5　多項式と単項式の乗除

**❶** (1) $6x^2-18xy$　(2) $-5a^2+8ab$
　　(3) $3a^2-9ab$　(4) $-9x^2+3xy-18x$

**❷** (1) $2x-3y$　(2) $-4b^2+6ab-2b$
　　(3) $6x+3y$　(4) $4a-6ab$

**❸** (1) $5x^2-10x$　(2) $13a^2+14a$
　　(3) $x^2-22x$　(4) $\dfrac{1}{3}a^2-2ab$

**解き方 考え方**

**❶** 分配法則を使ってかっこをはずす。

(4) $(3x-y+6)\times(-3x)$
　　$=3x\times(-3x)-y\times(-3x)+6\times(-3x)$
　　$=-9x^2+3xy-18x$

**❷** (4) $\dfrac{5}{2}b=\dfrac{5b}{2}$ として逆数を考え，乗法の
　　形に直して計算する。

$(10ab-15ab^2)\div\dfrac{5}{2}b=(10ab-15ab^2)\times\dfrac{2}{5b}$

$=\dfrac{10ab\times2}{5b}-\dfrac{15ab^2\times2}{5b}$

$=4a-6ab$

**❸** (4) $-\dfrac{2}{3}a(a-6b)+a(a-6b)$

$=-\dfrac{2}{3}a^2+4ab+a^2-6ab$

$=\dfrac{1}{3}a^2-2ab$

## 6　式の展開①

**❶** (1) $2a^2-7a-30$
　　(2) $2x^2-5xy+3y^2$
　　(3) $a^2+3ab-11a-12b+28$
　　(4) $6x^2-7xy-3y^2-2x+3y$

**❷** (1) $x^2+5x+6$　(2) $x^2+2x-24$
　　(3) $a^2-9a+14$　(4) $y^2-3y-40$
　　(5) $y^2+\dfrac{5}{6}y+\dfrac{1}{6}$　(6) $x^2+\dfrac{2}{5}x-\dfrac{3}{25}$
　　(7) $x^2+xy-6y^2$　(8) $a^2+7ab+12b^2$

**解き方 考え方**

**❶** (1)・(2)

$(a+b)(c+d)=ac+ad+bc+bd$

(3) $(a-4)(a+3b-7)$
　　$=a(a+3b-7)-4(a+3b-7)$
　　$=a^2+3ab-7a-4a-12b+28$
　　$=a^2+3ab-11a-12b+28$

**❷** 次の乗法公式を使う。
　　$(x+a)(x+b)=x^2+(a+b)x+ab$
(2) $(x+6)(x-4)$
　　$=x^2+(6-4)x+6\times(-4)$
　　$=x^2+2x-24$

## 7 式の展開②

**1** (1) $x^2+10x+25$　(2) $a^2-8a+16$

(3) $m^2+2mn+n^2$　(4) $y^2-y+\dfrac{1}{4}$

**2** (1) $x^2-64$　(2) $x^2-16$　(3) $-y^2+36$

(4) $a^2-\dfrac{4}{9}$

**3** (1) $9x^2-21x+6$　(2) $16a^2+16a-21$

(3) $25x^2+30x+9$

(4) $\dfrac{1}{4}a^2-6ab+36b^2$

### 解き方 考え方

**1** 次の乗法公式を使う。

$(x+a)^2=x^2+2ax+a^2$

$(x-a)^2=x^2-2ax+a^2$

(4) $\left(y-\dfrac{1}{2}\right)^2=y^2-2\times\dfrac{1}{2}\times y+\left(\dfrac{1}{2}\right)^2$

$=y^2-y+\dfrac{1}{4}$

**2** 次の乗法公式を使う。

$(x+a)(x-a)=x^2-a^2$

(3) $(y+6)(6-y)=(6+y)(6-y)=6^2-y^2$

$=36-y^2=-y^2+36$

**3** 乗法公式を使う。

(1) $(3x-1)(3x-6)$

$=(3x)^2+(-1-6)\times 3x+(-1)\times(-6)$

$=9x^2-21x+6$

(3) $(5x+3)^2=(5x)^2+2\times 3\times 5x+3^2$

$=25x^2+30x+9$

(4) $\left(\dfrac{1}{2}a-6b\right)^2$

$=\left(\dfrac{1}{2}a\right)^2-2\times 6b\times\dfrac{1}{2}a+(6b)^2$

$=\dfrac{1}{4}a^2-6ab+36b^2$

## 8 式の展開③

**1** (1) $2a^2+a+22$　(2) $-5x+49$

(3) $3a^2+20a+12$　(4) $x^2+12x+22$

(5) $-a^2+4a+14$　(6) $7x^2-32x+51$

**2** (1) $x^2+2xy+y^2-5x-5y-14$

(2) $a^2+2ab+b^2-9$

(3) $x^2+y^2+z^2+2xy+2yz+2zx$

(4) $a^2-2ab+b^2-10a+10b+25$

### 解き方 考え方

**1** 乗法公式を使って，式を簡単にする。

(2) $(x-5)^2-(x-8)(x+3)$

$=x^2-10x+25-(x^2-5x-24)$

$=x^2-10x+25-x^2+5x+24$

$=-5x+49$

(4) $2(x+3)^2-(x-2)(x+2)$

$=2(x^2+6x+9)-(x^2-4)$

$=2x^2+12x+18-x^2+4$

$=x^2+12x+22$

**2** 式を1つの文字におきかえて展開する。

(1) $x+y=X$ とおくと，

$(x+y+2)(x+y-7)=(X+2)(X-7)$

$=X^2-5X-14=(x+y)^2-5(x+y)-14$

$=x^2+2xy+y^2-5x-5y-14$

(4) $a-b=X$ とおくと，

$(a-b-5)^2=(X-5)^2=X^2-10X+25$

$=(a-b)^2-10(a-b)+25$

$=a^2-2ab+b^2-10a+10b+25$

## 9 因数分解①

**1** (1) $3a(x-3y)$　(2) $2x(x+2y)$

(3) $6ab(2a-3)$　(4) $-xy(x+y)$

(5) $4a(x^2+2x-4)$

(6) $3xy(x-2y+3)$

**2** (1) $(x+2)(x+5)$　(2) $(y-2)(y-3)$

(3) $(x-2)(x+8)$　(4) $(y+4)(y-7)$

(5) $(a-3)(a+12)$　(6) $(x-2)(x-14)$

### 解き方 考え方

**1** 共通因数をくくり出す。

$ma+mb=m(a+b)$

(3) $12a^2b-18ab=6ab\times 2a-6ab\times 3$

$=6ab(2a-3)$

(6) $3x^2y-6xy^2+9xy$

$=3xy\times x+3xy\times(-2y)+3xy\times3$

$=3xy(x-2y+3)$

**②** $x^2+(a+b)x+ab=(x+a)(x+b)$ を使う。

(3) 積が$-16$，和が$6$になる$2$つの数は，$-2$と$8$だから，

$x^2+6x-16=(x-2)(x+8)$

(6) 積が$28$，和が$-16$になる$2$つの数は，$-2$と$-14$だから，

$x^2-16x+28=(x-2)(x-14)$

---

## 10 因数分解②

**①** (1) $(x+3)^2$    (2) $(a+9)^2$

    (3) $(x+7)^2$    (4) $(y+10)^2$

**②** (1) $(x-4)^2$    (2) $(a-5)^2$

    (3) $(x-8)^2$    (4) $\left(y-\dfrac{1}{2}\right)^2$

**③** (1) $(x+4)(x-4)$    (2) $(5+a)(5-a)$

    (3) $\left(x+\dfrac{4}{5}\right)\left(x-\dfrac{4}{5}\right)$

    (4) $\left(\dfrac{1}{3}+a\right)\left(\dfrac{1}{3}-a\right)$

**解き方 考え方**

**①** $x^2+2ax+a^2=(x+a)^2$ を使う。

  (1) $x^2+6x+9=x^2+2\times3\times x+3^2=(x+3)^2$

**②** $x^2-2ax+a^2=(x-a)^2$ を使う。

  (2) $a^2-10a+25=a^2-2\times5\times a+5^2$

   $=(a-5)^2$

**③** $x^2-a^2=(x+a)(x-a)$ を使う。

  (3) $x^2-\dfrac{16}{25}=x^2-\left(\dfrac{4}{5}\right)^2$

   $=\left(x+\dfrac{4}{5}\right)\left(x-\dfrac{4}{5}\right)$

---

## 11 因数分解③

**①** (1) $(x+9y)^2$    (2) $(2a-3b)^2$

    (3) $(5x+7y)(5x-7y)$

    (4) $3y(2x+5z)(2x-5z)$

    (5) $-3(x-3)^2$    (6) $2y(x-1)(x-4)$

**②** (1) $(3x+4)(x-6)$

    (2) $(a-9)(a-1)$    (3) $(y+3)^2$

    (4) $(x+y+3)(x+y-2)$

    (5) $(x+y-3)(x-y-3)$

    (6) $(a-1)(b-3)$

**解き方 考え方**

**①** (4)～(6)は，まず共通因数をくくり出してから，かっこの中を因数分解する。

  (2) $4a^2-12ab+9b^2$

   $=(2a)^2-2\times3b\times2a+(3b)^2$

   $=(2a-3b)^2$

  (5) $-3x^2+18x-27=-3(x^2-6x+9)$

   $=-3(x-3)^2$

  (6) $2x^2y-10xy+8y=2y(x^2-5x+4)$

   $=2y(x-1)(x-4)$

**②** 式を$1$つの文字におきかえて因数分解する。

  (1) $2x-1=A$，$x+5=B$ とおくと，

   $A^2-B^2=(A+B)(A-B)$

   $=\{(2x-1)+(x+5)\}\{(2x-1)-(x+5)\}$

   $=(3x+4)(x-6)$

  (2) $a-3=X$ とおくと，

   $X^2-4X-12=(X-6)(X+2)$

   $=(a-3-6)(a-3+2)=(a-9)(a-1)$

  (6) $ab-b-3a+3=b(a-1)-3(a-1)$

   $a-1=X$ とおくと，$bX-3X=X(b-3)$

   $=(a-1)(b-3)$

---

## 12 式の計算の利用

**①** (1) $10816$    (2) $9409$    (3) $2451$

    (4) $-6300$    (5) $5000$    (6) $-10$

**②** (1) $900$    (2) $33$

**③** 小さいほうの奇数を$2n-1$（$n$は自然数）とするから，大きいほうの奇数は$2n+1$ と表せる。

$(2n+1)^2-(2n-1)^2$

$= (2n+1+2n-1)(2n+1-2n+1)$

$= 4n \times 2 = 8n$

$n$ は自然数だから，8 の倍数になる。

### 解き方考え方

**❶** (1) $(x+a)^2 = x^2 + 2ax + a^2$ を使う。

$104^2 = (100+4)^2 = 100^2 + 2 \times 4 \times 100 + 4^2$

$= 10000 + 800 + 16 = 10816$

(3) $(x+a)(x-a) = x^2 - a^2$ を使う。

$43 \times 57 = (50-7)(50+7) = 50^2 - 7^2$

$= 2500 - 49 = 2451$

(6) $4.5^2 - 5.5^2 = (4.5+5.5)(4.5-5.5)$

$= 10 \times (-1) = -10$

**❷** (1) $4x^2 + 4xy + y^2 = (2x+y)^2$

$= (2 \times 12 + 6)^2 = 30^2 = 900$

(2) $(x-y)^2 = x^2 - 2xy + y^2 = (x^2+y^2) - 2xy$

$= 21 - 2 \times (-6) = 21 + 12 = 33$

---

## 13 平方根

**❶** (1) $\pm\sqrt{7}$ (2) $\pm\sqrt{15}$ (3) $\pm 5$

(4) $\pm 8$ (5) $\pm\dfrac{3}{7}$ (6) $\pm 0.3$

**❷** (1) $9$ (2) $-8$ (3) $\dfrac{3}{4}$ (4) $6$

(5) $15$ (6) $-7$

**❸** (1) $\sqrt{10} < \sqrt{11}$ (2) $\sqrt{37} > 6$

(3) $-\sqrt{26} < -5$

**❹** (1) $\sqrt{3}$, $\sqrt{10}$ (2) $\dfrac{2}{3}$, $0.79$, $7$, $\sqrt{16}$

### 解き方考え方

**❶** 正の数 $a$ の平方根は，$\pm\sqrt{a}$ の2つある。

**❷** (4) $(-6)^2 = 6^2$ だから，$\sqrt{(-6)^2} = \sqrt{6^2} = 6$

(5) $(-\sqrt{a})^2 = a$ だから，$(-\sqrt{15})^2 = 15$

**❸** $a$, $b$ が正の数で，

$a < b$ ならば，$\sqrt{a} < \sqrt{b}$ である。

(3) $25 < 26$ より，$\sqrt{25} < \sqrt{26}$

よって，$5 < \sqrt{26}$

したがって，$-\sqrt{26} < -5$

---

## 14 平方根の乗除

**❶** (1) $\sqrt{12}$ (2) $\sqrt{90}$

**❷** (1) $3\sqrt{2}$ (2) $8\sqrt{3}$ (3) $\dfrac{\sqrt{3}}{10}$

**❸** (1) $\sqrt{55}$ (2) $9$ (3) $5$ (4) $\sqrt{7}$

(5) $24$ (6) $24\sqrt{2}$

**❹** (1) $\dfrac{4\sqrt{3}}{3}$ (2) $\dfrac{\sqrt{2}}{2}$ (3) $\dfrac{\sqrt{6}}{10}$

**❺** (1) $\dfrac{\sqrt{6}}{2}$ (2) $-\dfrac{3\sqrt{10}}{5}$

### 解き方考え方

$a$, $b$ を正の数とするとき，

**❶** $a\sqrt{b} = \sqrt{a^2 b}$

**❷** $\sqrt{a^2 b} = a\sqrt{b}$

(3) $\sqrt{0.03} = \sqrt{\dfrac{3}{100}} = \sqrt{\dfrac{3}{10^2}} = \dfrac{\sqrt{3}}{\sqrt{10^2}} = \dfrac{\sqrt{3}}{10}$

**❸** $\sqrt{a} \times \sqrt{b} = \sqrt{ab}$, $\dfrac{\sqrt{a}}{\sqrt{b}} = \sqrt{\dfrac{a}{b}}$

(5) $\sqrt{18} \times \sqrt{32} = 3\sqrt{2} \times 4\sqrt{2}$

$= 3 \times 4 \times \sqrt{2} \times \sqrt{2} = 24$

**❹** 分母に根号があるときに，分母と分子に同じ数をかけて分母に根号がない形に表すことを，**分母を有理化する**という。

(2) $\dfrac{2}{\sqrt{8}} = \dfrac{2}{2\sqrt{2}} = \dfrac{1}{\sqrt{2}}$

$= \dfrac{1 \times \sqrt{2}}{\sqrt{2} \times \sqrt{2}} = \dfrac{\sqrt{2}}{2}$

**❺** 分数の形にして，分母を有理化する。

(2) $-3\sqrt{6} \div \sqrt{15}$

$= -\dfrac{3\sqrt{6}}{\sqrt{15}} = -\dfrac{3\sqrt{2}}{\sqrt{5}} = -\dfrac{3\sqrt{2} \times \sqrt{5}}{\sqrt{5} \times \sqrt{5}}$

$= -\dfrac{3\sqrt{10}}{5}$

---

## 15 平方根の計算 ①

**❶** (1) $8\sqrt{6}$ (2) $4\sqrt{2} - 6\sqrt{5}$ (3) $3\sqrt{2}$

(4) $2\sqrt{7}$ (5) $3\sqrt{3}$ (6) $5\sqrt{6} - \sqrt{2}$

**❷** (1) $7\sqrt{2}$ (2) $\dfrac{3\sqrt{6}}{2}$ (3) $-\dfrac{18\sqrt{7}}{7}$

(4) $7\sqrt{6}$

**❸** (1) $3\sqrt{5} + 5\sqrt{3}$ (2) $7\sqrt{6} - 14\sqrt{2}$

**(3)** $24+12\sqrt{6}$　**(4)** $6\sqrt{3}+36\sqrt{2}$

**解き方 考え方**

**❶** 根号の中ができるだけ簡単な数になるように変形してから計算する。

**(5)** $\sqrt{75}-\sqrt{48}+\sqrt{12}$

$=5\sqrt{3}-4\sqrt{3}+2\sqrt{3}$

$=(5-4+2)\sqrt{3}=3\sqrt{3}$

**❷** 分母を有理化し，根号の中ができるだけ簡単な数になるようにしてから計算する。

**(4)** $2\sqrt{54}-\sqrt{\dfrac{3}{2}}+\dfrac{3\sqrt{6}}{2}$

$=2\times3\sqrt{6}-\dfrac{\sqrt{3}}{\sqrt{2}}+\dfrac{3\sqrt{6}}{2}$

$=6\sqrt{6}-\dfrac{\sqrt{6}}{2}+\dfrac{3\sqrt{6}}{2}$

$=\left(6-\dfrac{1}{2}+\dfrac{3}{2}\right)\sqrt{6}=7\sqrt{6}$

**❸** 分配法則を利用して計算する。

**(3)** $4\sqrt{2}(\sqrt{18}+\sqrt{27})=4\sqrt{2}(3\sqrt{2}+3\sqrt{3})$

$=4\sqrt{2}\times3\sqrt{2}+4\sqrt{2}\times3\sqrt{3}$

$=24+12\sqrt{6}$

| **16** | **平方根の計算 ②** |
|---|---|

**❶** **(1)** $4\sqrt{6}-8\sqrt{2}-3\sqrt{3}+6$
　　**(2)** $3\sqrt{6}-4$　**(3)** $4\sqrt{3}+8$
　　**(4)** $49-8\sqrt{3}$　**(5)** $41$　**(6)** $6$

**❷** **(1)** $11-\sqrt{14}$　**(2)** $8+2\sqrt{6}$

**❸** **(1)** $-4\sqrt{5}$　**(2)** $-1$

**解き方 考え方**

**❶** **(4)** 乗法公式
　　$(x-a)^2=x^2-2ax+a^2$ を使う。

$(4\sqrt{3}-1)^2=(4\sqrt{3})^2-2\times1\times4\sqrt{3}+1^2$

$=48-8\sqrt{3}+1=49-8\sqrt{3}$

**❷** **(2)** $(\sqrt{3}+\sqrt{2})^2-(\sqrt{18}-\sqrt{27})(\sqrt{2}+\sqrt{3})$

$=(\sqrt{3})^2+2\times\sqrt{2}\times\sqrt{3}+(\sqrt{2})^2$

　　$-(3\sqrt{2}-3\sqrt{3})(\sqrt{2}+\sqrt{3})$

$=3+2\sqrt{6}+2-3(\sqrt{2}-\sqrt{3})(\sqrt{2}+\sqrt{3})$

$=3+2\sqrt{6}+2-3\{(\sqrt{2})^2-(\sqrt{3})^2\}$

$=5+2\sqrt{6}-3(2-3)=5+2\sqrt{6}+3$

$=8+2\sqrt{6}$

**❸** **(2)** $x^2-4x=x(x-4)$

$=(2+\sqrt{3})(2+\sqrt{3}-4)$

$=(\sqrt{3}+2)(\sqrt{3}-2)$

$=(\sqrt{3})^2-2^2=3-4=-1$

**別解** $x^2-4x=x^2-4x+4-4$

$=(x-2)^2-4=(\sqrt{3})^2-4=3-4=-1$

| **17** | **平方根の利用** |
|---|---|

**❶** **(1)** $3$　**(2)** $1$

**❷** $n=15$

**❸** **(1)** $26.46$　**(2)** $83.67$
　　**(3)** $0.8367$　**(4)** $7.938$

**解き方 考え方**

**❶** **(1)** $9<10<16$ より，$3<\sqrt{10}<4$
　　よって，$\sqrt{10}$ の整数部分は $3$ である。
　　**(2)** (1)より，$\sqrt{10}=3+a$　$a=\sqrt{10}-3$
　　よって，$a(a+6)=(\sqrt{10}-3)(\sqrt{10}+3)$
　　$=10-9=1$

**❷** $540$ を素因数分解すると，
　　$540=2^2\times3^3\times5$ より，$n=3\times5=15$ と
　　すればよい。

**❸** まず，$\sqrt{7}\times a$ または，$\sqrt{70}\times a$ の形に
　　変形する。
　　**(1)** $\sqrt{700}=\sqrt{7\times10^2}=\sqrt{7}\times10=26.46$
　　**(2)** $\sqrt{7000}=\sqrt{70\times10^2}=\sqrt{70}\times10=83.67$
　　**(3)** $\sqrt{0.7}=\sqrt{\dfrac{70}{10^2}}=\dfrac{\sqrt{70}}{10}=0.8367$
　　**(4)** $\sqrt{63}=\sqrt{7\times3^2}=\sqrt{7}\times3=7.938$

**▶ 方程式**

| **18** | **1次方程式** |
|---|---|

**❶** **(1)** $x=-6$　**(2)** $x=-2$　**(3)** $x=-\dfrac{3}{4}$
　　**(4)** $x=12$

**❷** **(1)** $x=7$　**(2)** $x=\dfrac{6}{25}$　**(3)** $x=-\dfrac{15}{7}$
　　**(4)** $x=19$

**❸** **(1)** $x=-2$   **(2)** $x=60$

**解き方・考え方**

**❶** $ax=b$ の形にして解く。

**(4)** $3(9x-2)+2=5(6x-8)$

$27x-6+2=30x-40$

$27x-30x=-40+6-2$

$-3x=-36$   $x=12$

**❷** 係数に分数や小数をふくむときは，両辺を何倍かして整数になおして解く。

**(1)** 両辺を10倍して，$37x+76=52x-29$

$37x-52x=-29-76$   $-15x=-105$

$x=7$

**(3)** 両辺を12倍して，$2x-24=9(x-1)$

$2x-24=9x-9$   $-7x=15$   $x=-\dfrac{15}{7}$

**(4)** 両辺を10倍して，$5(x+3)=2(3x-2)$

$5x+15=6x-4$   $-x=-19$   $x=19$

**❸** 比例式の性質

$a:b=c:d$ ならば $ad=bc$ を使う。

**(2)** $5:7=x:(x+24)$   $5(x+24)=7x$

$5x+120=7x$   $-2x=-120$   $x=60$

---

**19  1次方程式の利用**

**❶** $a=14$

**❷** 13

**❸** 生徒…8人，あめ…50個

**❹** 6分後

**解き方・考え方**

**❷** ある自然数を $x$ とすると，

$3(x+4)=5x-14$

これを解いて，$x=13$

**❸** 生徒の人数を $x$ 人とすると，あめの個数から，$5x+10=7x-6$   $x=8$

よって，あめは，$5\times8+10=50$（個）

**❹** 家 →80m/分 公園

弟 ─12分─ ─x分─

兄 →240m/分

─x分─

---

弟の進んだ道のり＝兄の進んだ道のり

だから，$80(12+x)=240x$

これを解いて，$x=6$

このとき2人は，$240\times6=1440$（m）進むので，公園への途中で追いついており，問題に合っている。

---

**20  連立方程式**

**❶** **(1)** $x=-3$，$y=4$   **(2)** $x=2$，$y=0$

**(3)** $x=-5$，$y=4$   **(4)** $x=6$，$y=3$

**(5)** $x=-1$，$y=3$

**❷** $a=3$，$b=5$

**解き方・考え方**

**❶** **(5)** $A=B=C$ の形をした連立方程式は，

$\begin{cases}A=B\\A=C\end{cases}$  $\begin{cases}A=B\\B=C\end{cases}$  $\begin{cases}A=C\\B=C\end{cases}$

のどの組み合わせをつくっても解くことができる。

---

**21  連立方程式の利用**

**❶** バラ…5本，カーネーション…4本

**❷** 男子…18人，女子…20人

**❸** 歩いた道のり…800m，

　　走った道のり…400m

**解き方・考え方**

**❷** 生徒数を男子 $x$ 人，女子 $y$ 人とすると，

$\begin{cases}x+y=38\\\dfrac{1}{3}x+\dfrac{1}{4}y=11\end{cases}$

これを解いて，$x=18$，$y=20$

**❸**

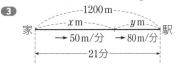

歩いた道のりを $x$ m，走った道のりを $y$ mとすると，

$$\begin{cases} x+y=1200 \\ \dfrac{x}{50}+\dfrac{y}{80}=21 \end{cases}$$

これを解いて，$x=800$，$y=400$

---

## 22 2次方程式 ①

**❶** ア，イ，エ，カ

**❷** 2，4

**❸** (1) $x=\pm7$　(2) $x=\pm9$　(3) $x=\pm3$

　(4) $x=\pm\dfrac{\sqrt{11}}{3}$

**❹** (1) $x=-1$，$x=7$

　(2) $x=-1\pm2\sqrt{2}$

　(3) $x=9$，$x=-1$

　(4) $x=2\pm\sqrt{3}$

解き方 考え方

**❸** $x^2=k$ のとき，$x=\pm\sqrt{k}$ となることを使って解く。

　(4) $9x^2-11=0$　$9x^2=11$　$x^2=\dfrac{11}{9}$

　$x=\pm\sqrt{\dfrac{11}{9}}=\pm\dfrac{\sqrt{11}}{3}$

**❹** かっこの中をひとまとまりのものとみて，❸と同じように考えて解く。

　(1) $(x-3)^2=16$　$x-3=\pm4$

　$x-3=-4$，$x-3=4$

　$x=-1$，$x=7$

　(2) $(x+1)^2=8$　$x+1=\pm2\sqrt{2}$

　$x=-1\pm2\sqrt{2}$

---

## 23 2次方程式 ②

**❶** (1) $x=9$，$x=-2$

　(2) $x=0$，$x=7$　(3) $x=0$，$x=-9$

　(4) $x=-1$，$x=6$

　(5) $x=4$，$x=8$　(6) $x=-8$

**❷** (1) $x=4$，$x=6$　(2) $x=-2$，$x=8$

　(3) $x=-5$，$x=3$

　(4) $x=-3$，$x=1$

---

**❸** (1) $(x+2)^2=2$　(2) $x=-2\pm\sqrt{2}$

解き方 考え方

**❶** 左辺を因数分解して，$AB=0$ ならば，$A=0$ または $B=0$ を使って解く。

　(5) $x^2-12x+32=0$　$(x-4)(x-8)=0$

　$x-4=0$ または $x-8=0$

　$x=4$，$x=8$

**❷** $ax^2+bx+c=0$の形に整理してから解く。

　(2) $(x+1)^2=8x+17$

　$x^2+2x+1=8x+17$

　$x^2-6x-16=0$

　$(x+2)(x-8)=0$

　$x=-2$，$x=8$

**❸** (1) 2 を移項して，$x^2+4x=-2$

　$x$ の係数4の$\dfrac{1}{2}$の2乗を両辺に加えると，

　$x^2+4x+4=-2+4$

　$(x+2)^2=2$

　(2) $x+2=\pm\sqrt{2}$　$x=-2\pm\sqrt{2}$

---

## 24 2次方程式 ③

**❶** ① $-b$　② $\sqrt{b^2-4ac}$　③ $2a$

**❷** (1) $x=\dfrac{-3\pm\sqrt{29}}{2}$　(2) $x=\dfrac{3\pm\sqrt{23}}{7}$

　(3) $x=-4\pm2\sqrt{3}$　(4) $x=\dfrac{2\pm\sqrt{14}}{5}$

**❸** (1) $x=4$，$x=-\dfrac{1}{2}$

　(2) $x=\dfrac{4}{3}$，$x=-2$

　(3) $x=\dfrac{2}{3}$

　(4) $x=\dfrac{2}{5}$，$x=-2$

解き方 考え方

**❷** (2) $a=7$，$b=-6$，$c=-2$ より，

　$x=\dfrac{-(-6)\pm\sqrt{(-6)^2-4\times7\times(-2)}}{2\times7}$

　$=\dfrac{6\pm\sqrt{36+56}}{14}=\dfrac{6\pm\sqrt{92}}{14}=\dfrac{6\pm2\sqrt{23}}{14}$

　$=\dfrac{3\pm\sqrt{23}}{7}$

## 25　2次方程式の利用 ①

❶ $a=-14$，もう1つの解…$x=-4$
❷ $a=1$，$b=-12$
❸ $-3$ と $12$
❹ $7$ と $8$ と $9$

**解き方 考え方**

❷ 2次方程式 $x^2+ax+b=0$ に $x=3$，$-4$
を代入すると，

$$\begin{cases} 9+3a+b=0 \\ 16-4a+b=0 \end{cases}$$

の連立方程式になる。
これを解くと，$a=1$，$b=-12$

❸ 1つの数を $x$ とすると，もう1つの数は
$9-x$ と表される。
$x(9-x)=-36$ から，$x^2-9x-36=0$
これを解いて，$x=-3$，$x=12$

❹ 連続する3つの正の整数を $x$，$x+1$，
$x+2$ とすると，
$(x+2)^2=x^2+(x+1)^2-32$
$x^2+4x+4=x^2+x^2+2x+1-32$
$x^2-2x-35=0$　$(x+5)(x-7)=0$
$x=-5$，$x=7$
$x>0$ だから，$x=7$

## 26　2次方程式の利用 ②

❶ 8cm，12cm
❷ (1) $x(15-x)\,\mathrm{cm}^2$　(2) 3秒後，12秒後
❸ 3m

**解き方 考え方**

❶ 点 P が A から $x$cm 動いたとすると，
$\dfrac{1}{2}x^2+\dfrac{1}{2}(20-x)^2=104$
$x^2+(20-x)^2=208$
これを解いて，$x=8$，$x=12$
$0<x<20$ だから，問題に合う。

❷ (1) 出発してから $x$ 秒後には，BP$=2x$cm，

QB$=(15-x)$cm だから，
$\triangle$QBP$=\dfrac{1}{2}\times2x\times(15-x)$
$=x(15-x)\,(\mathrm{cm}^2)$
(2) $x(15-x)=36$　$x^2-15x+36=0$
$(x-3)(x-12)=0$　$x=3$，$x=12$
$0<x<15$ だから，
$x=3$，$x=12$

❸ 通路の幅を $x$m とすると，
$15\times18-(15-x)(18-x)=90$
$15\times18-15\times18+15x+18x-x^2=90$
$x^2-33x+90=0$　$(x-3)(x-30)=0$
$x=3$，$x=30$
$0<x<15$ だから，$x=3$

▶関　数

## 27　比例と反比例

❶ (1) $y=-\dfrac{5}{2}x$，$y=15$
(2) $y=\dfrac{18}{x}$，$y=-3$
❷ (1) $y=\dfrac{3}{2}x$　(2) $y=-\dfrac{1}{4}x$
(3) $y=\dfrac{3}{x}$　(4) $y=-\dfrac{8}{x}$
❸ $a=\dfrac{4}{3}$，$b=4$　6個

**解き方 考え方**

❶ (1) $y=ax$ に，$x=4$，$y=-10$ を代入し
て，$a$ の値を求める。

(2) $y=\dfrac{a}{x}$ に，$x=2$，$y=9$ を代入して，
$a$ の値を求める。

❸ $y=\dfrac{12}{x}$ に $x=3$ を代入して，$y=4$
よって $b=4$
$y=ax$ に $x=3$，$y=4$ を代入して，
$a=\dfrac{4}{3}$
12の約数は 1，2，3，4，6，12 なので，
$x$，$y$ 座標がともに自然数である点は6
個ある。

## 28 1次関数

**❶** $-3 \leqq y \leqq 5$

**❷** (1) $y = -\dfrac{2}{3}x + 7$    (2) $y = \dfrac{3}{4}x + 4$

**❸** (1) 直線①…
$y = 2x + 1$
直線②…
$y = -x + 3$
直線③…
$y = -3$
交点…
$\left( \dfrac{2}{3}, \dfrac{7}{3} \right)$

(2) 右の図

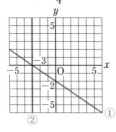

解き方考え方

**❷** 求める1次関数の式を $y = ax + b$ とおく。

(1) $a = $ 変化の割合 $= \dfrac{y \text{ の増加量}}{x \text{ の増加量}} = -\dfrac{2}{3}$

$y = -\dfrac{2}{3}x + b$ に $x = 3, y = 5$ を代入する。

(2) 2点 $(-4, 1), (-12, -5)$ を代入して、
$$\begin{cases} 1 = -4a + b \\ -5 = -12a + b \end{cases}$$
これを解くと、
$a = \dfrac{3}{4}, \ b = 4$

**❸** (1) 直線①と②の交点の座標は、連立方
程式 $\begin{cases} y = 2x + 1 \\ y = -x + 3 \end{cases}$ の解である。

$2x + 1 = -x + 3$ を解く。

(2) ① $y$ について解くと、$y = -\dfrac{2}{3}x - 2$

② $x$ について解くと、$x = -3$

## 29 1次関数の利用

**❶** (1) $y = -\dfrac{1}{2}x + 4$    (2) $y = -\dfrac{3}{2}x + 6$

**❷** (1) $0 \leqq x \leqq 2, \ y = 6x$

(2) 辺 BC 上… $y = 12$  ($2 \leqq x \leqq 5$)

辺 CD 上…
$y = -6x + 42$
$(5 \leqq x \leqq 7)$

(3) 右の図

解き方考え方

**❶** (2) 点 C の $x$ 座標は、直線 $\ell$ の式
$y = -\dfrac{1}{2}x + 4$ に $y = 0$ を代入して、
$x = 8$
よって、点 C$(8, 0)$
△AOC の面積を2等分する直線は、
点 A$(2, 3)$ と、線分 OC の中点$(4, 0)$を
通る。この直線を $y = ax + b$ とすると、
$a = \dfrac{0 - 3}{4 - 2} = -\dfrac{3}{2}$
$y = -\dfrac{3}{2}x + b$ に $x = 4, y = 0$ を
代入すると $b = 6$ だから、$y = -\dfrac{3}{2}x + 6$

**❷** (1) 点 P は毎秒 2cm の速さで動くから、
点 P が辺 AB 上を動くとき、
$0 \leqq x \leqq 2$ で、AP $= 2x$cm
$y = \dfrac{1}{2} \times 2x \times 6 = 6x$

(2) 点 P が辺 BC 上を動くとき、
$2 \leqq x \leqq 5$ で、△APD の面積は一定で、
$y = \dfrac{1}{2} \times 6 \times 4 = 12$

点 P が辺 CD 上を動くとき、$5 \leqq x \leqq 7$ で、
PD $= (4 + 6 + 4) - 2x = 14 - 2x$(cm)
よって、$y = \dfrac{1}{2} \times (14 - 2x) \times 6 = -6x + 42$

## 30 関数 $y = ax^2$

**❶** (1) $y = \dfrac{1}{2}x^2$, ○    (2) $y = 2\pi x$, ×

(3) $y = 6x$, ×    (4) $y = \dfrac{14}{3}\pi x^2$, ○

**❷** (1) $y = 4x^2$   (2) $y = -8$   (3) $x = \pm 4$

(4) $x = \pm 6$

❶ $y=ax^2$ の形に表されるとき，**$y$ は $x$ の2乗に比例する**という。

❷ (2) $y=ax^2$ とおくと，$x=3$ のとき
$y=-18$ より，$-18=a\times3^2$　$a=-2$
$y=-2x^2$ に $x=-2$ を代入して，$y=-8$

---

## 31 関数 $y=ax^2$ のグラフ

❶ (1) （左から順に）9，4，1，0，1，4，9
(2) 右の図
(3) 右の図

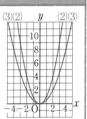
(3)(2)　(2)(3)

❷ (1) ア，エ　(2) ウ
(3) オ　(4) エとカ
(5) A ウ，B イ

❶ $y=ax^2$ のグラフは，原点を通り，$y$ 軸について対称な放物線である。

❷ (1) $y=ax^2$ で，
$a>0$ のとき，グラフは上に開いた形，
$a<0$ のとき，グラフは下に開いた形。
(4) $y=ax^2$ と，$y=-ax^2$ のグラフは，$x$ 軸について対称である。

---

## 32 関数 $y=ax^2$ と変域

❶ (1) 右の図
(2) 3
(3) $\dfrac{1}{3}\le y\le3$
(4) $0\le y\le3$

❷ (1) $-75\le y\le-12$
(2) $2\le y\le8$
(3) $0\le y\le50$
(4) $-9\le y\le0$

❸ $a=\dfrac{3}{2}$

---

❷ $x$ の変域が0をふくむ場合か，ふくまない場合かに注意して，変域を考える。簡単なグラフをかいてみるとよい。

(2) $x$ の変域が0をふくまない場合で，
$2\le y\le8$

(4) $x$ の変域が0をふくむ場合で，
$-9\le y\le0$

❸ 簡単なグラフをかくと，右の図のようになるから，$x=4$ のとき $y=24$ になると考えられる。
$y=ax^2$ に $x=4$，$y=24$ を代入して，
$24=a\times4^2$　$a=\dfrac{3}{2}$

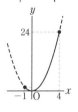

---

## 33 関数 $y=ax^2$ の変化の割合

❶ (1) 12　(2) $-12$
❷ (1) $-4$　(2) 3
❸ (1) $a=-\dfrac{3}{2}$　(2) $a=1$　(3) $a=-\dfrac{1}{2}$

❶ 変化の割合 $=\dfrac{y\ \text{の増加量}}{x\ \text{の増加量}}$
(1) $x=0$ のとき，$y=0$
$x=4$ のとき，$y=48$
変化の割合は，$\dfrac{48-0}{4-0}=12$

❸ (2) $x=a$ のとき，$y=2a^2$
$x=a+2$ のとき，$y=2(a+2)^2$
変化の割合が8だから，
$\dfrac{2(a+2)^2-2a^2}{a+2-a}=8$　$\dfrac{2a^2+8a+8-2a^2}{2}=8$

$4a+4=8 \quad a=1$

**(3)** $y=-3x$ の変化の割合は $-3$ だから,

$\dfrac{16a-4a}{4-2}=-3 \quad \dfrac{12a}{2}=-3$

$6a=-3 \quad a=-\dfrac{1}{2}$

## 34 いろいろな関数

❶ **(1)** $y=\dfrac{1}{50}x^2$ **(2)** 時速 90km

❷ **(1)** ① 190 円 ② 290 円

**(2)** ① $0<x\leqq 3$ ② $6<x\leqq 10$

**(3)** ① 距離 ② 運賃

【解き方考え方】

❶ **(1)** $y=ax^2$ とおくと, $x=50$ のとき

$y=50$ だから, $50=a\times 50^2 \quad a=\dfrac{1}{50}$

**(2)** $y=\dfrac{1}{50}x^2$ に $y=162$ を代入する。

$162=\dfrac{1}{50}x^2 \quad x^2=8100 \quad x=\pm 90$

$x>0$ より, $x=90$

## 35 関数 $y=ax^2$ の利用 ①

❶ **(1)** $54a$ **(2)** $a=\dfrac{2}{3}$

❷ **(1)** $y=\dfrac{1}{2}x+2$

**(2)** △AOB の面積…6,

直線の式…$y=\dfrac{5}{2}x$

**(3)** P$(2,\ 1)$

【解き方考え方】

❶ **(1)** 点 A の $x$ 座標が 3 より, A$(3,\ 9a)$

点 B は A と $y$ 軸について対称な点だから, B$(-3,\ 9a)$

よって, AB$=3-(-3)=6$

AD$=9a$ 長方形の面積は, $6\times 9a=54a$

**(2)** 正方形になるのは, AB=AD のとき

---

で, $6=9a$ より, $a=\dfrac{2}{3}$

❷ **(1)** $y=\dfrac{1}{4}x^2$ に $x=-2$, 4 を代入すると,

$y=1$, 4 だから, A$(-2,\ 1)$, B$(4,\ 4)$

2 点 A, B を通る直線の傾きは,

$\dfrac{4-1}{4-(-2)}=\dfrac{1}{2} \quad y=\dfrac{1}{2}x+b$ に $x=4$,

$y=4$ を代入して, $b=2$

**(2)** 直線 AB が $y$ 軸と交わる点を C とすると, C$(0,\ 2)$

よって, △AOB$=$△AOC$+$△BOC

$=\dfrac{1}{2}\times 2\times 2+\dfrac{1}{2}\times 2\times 4=6$

2 等分する直線は, 線分 AB の中点

$\left(1,\ \dfrac{5}{2}\right)$ を通るから, $y=\dfrac{5}{2}x$

**(3)** △AOB$=$△APB より, AB∥OP

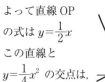
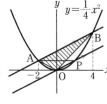

よって直線 OP

の式は $y=\dfrac{1}{2}x$

この直線と

$y=\dfrac{1}{4}x^2$ の交点は,

$\dfrac{1}{4}x^2=\dfrac{1}{2}x$

$x^2=2x \quad x^2-2x=0 \quad x(x-2)=0$

$x=0,\ 2 \quad x=2$ のとき $y=1$

よって, 点 P の座標は$(2,\ 1)$

## 36 関数 $y=ax^2$ の利用 ②

❶ **(1)** 10cm$^2$

**(2)** ① $y=\dfrac{1}{2}x^2$

② $y=2x$

グラフは右の図

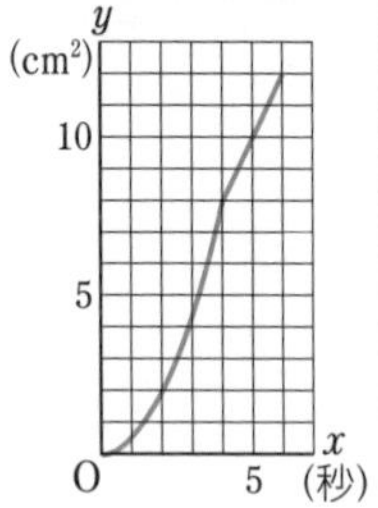

❷ **(1)** $y=2x^2$

**(2)** $0\leqq x\leqq 4$,

$0\leqq y\leqq 32$

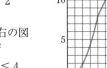

【解き方考え方】

❶ **(1)** 5 秒後には, 点 Q は点 C で止まっているから, AQ$=4$cm, AP$=5$cm

－72－

$$\triangle APQ = \frac{1}{2} \times 4 \times 5 = 10 (cm^2)$$

(2) ①のとき，AP＝AQ＝$x$cm より，
$$y = \frac{1}{2} \times x \times x = \frac{1}{2}x^2$$

②のとき，AP＝$x$cm，AQ＝4cm より，
$$y = \frac{1}{2} \times x \times 4 = 2x$$

**❷** (1) BF＝$2x$cm，重なった部分は直角二
等辺三角形だから，$y = \frac{1}{2} \times 2x \times 2x = 2x^2$

(2) EF＝BC＝8cm より，$0 \leqq x \leqq 4$
このとき，$0 \leqq y \leqq 2 \times 4^2$ より，
$0 \leqq y \leqq 32$

▶図　形

**❶** (1) $6\pi$ cm  (2) $24\pi$ cm$^2$

**❷** (1)

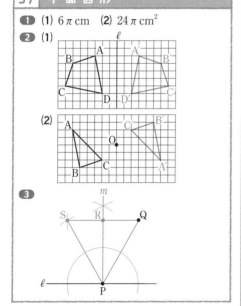

(2)

**❸**

解き方考え方

**❶** (1) 弧の長さは，$2\pi \times 8 \times \dfrac{135}{360} = 6\pi$ (cm)

(2) 面積は，$\pi \times 8^2 \times \dfrac{135}{360} = 24\pi$ (cm$^2$)

**❷** (1) 図形を，1つの直線を折り目として
折り返す移動を**対称移動**という。

対応する2点を結ぶ線分と対称の軸は垂
直に交わり，その交点から，対応する2
点までの距離は等しい。

(2) 図形を，1つの点を中心として，決
まった角度だけまわす移動を**回転移動**と
いう。

**❸** 直線 $\ell$ 上の点Pで垂線 $m$ をひく。次に
PQ を1辺とする正三角形 PQS をかく。
QS と $m$ の交点がRである。

**❶** (1) 辺GH, HI, IJ, JK, KL, LG
(2) 面 ABCDEF, GHIJKL
(3) 辺HI, IJ, JK, KL, LG, CI,
DJ, EK, FL

**❷** (1) (正)三角柱  (2) 円柱
(3) (正)四角錐

**❸** (1) 円柱  (2) 円錐  (3) 球

解き方考え方

**❶** (3) 辺AB と平行でなく，交わらない辺
を見つける。

**❷** 投影図は，立体を平面上に，正面から見
た図と真上から見た図で表したものであ
る。正面から見た図を**立面図**，真上から
見た図を**平面図**という。

**❸** 1つの直線を軸として1回転させてでき
る立体を**回転体**という。
(2)は，三角錐ではなく，円錐ができるこ
とに注意しよう。

**❶** (1) 468cm$^2$  (2) 210$\pi$ cm$^2$

**❷** (1) 64cm$^2$  (2) 96$\pi$ cm$^2$

**❸** (1) 256$\pi$ cm$^3$  (2) 196cm$^3$

**❹** 表面積…324$\pi$ cm$^2$,
体積…972$\pi$ cm$^3$

**解き方 考え方**

❶ (1) $\frac{1}{2}\times12\times9\times2+(9+12+15)\times10$

$=468(\text{cm}^2)$

(2) $\pi\times5^2\times2+2\times\pi\times5\times16=210\pi(\text{cm}^2)$

❷ (1) 底面積は，$4\times4=16(\text{cm}^2)$

側面積は，$\frac{1}{2}\times4\times6\times4=48(\text{cm}^2)$

表面積は，$16+48=64(\text{cm}^2)$

(2) 底面積は，$\pi\times6^2=36\pi(\text{cm}^2)$

側面積は，$\pi\times10^2\times\frac{12\pi}{20\pi}=60\pi(\text{cm}^2)$

表面積は，$36\pi+60\pi=96\pi(\text{cm}^2)$

❸ (1) $\frac{1}{3}\times\pi\times8^2\times12=256\pi(\text{cm}^3)$

(2) $\frac{1}{2}\times(6+8)\times4\times7=196(\text{cm}^3)$

❹ 表面積は，$4\times\pi\times9^2=324\pi(\text{cm}^2)$

体積は，$\frac{4}{3}\times\pi\times9^3=972\pi(\text{cm}^3)$

---

## 40 図形と角

❶ (1) $35°$ (2) $55°$

❷ (1) $1260°$ (2) $30°$

❸ (1) $61°$ (2) $126°$ (3) $45°$ (4) $115°$

**解き方 考え方**

❶ (1) 右の図から，

$\angle x+40°=75°$

$\angle x=75°-40°$

$=35°$

(2) 右の図のように，$\ell$，$m$ に平行な直線をひくと，

$\angle y=65°-30°$

$=35°$

$\angle x=\angle y+20°$

$=35°+20°=55°$

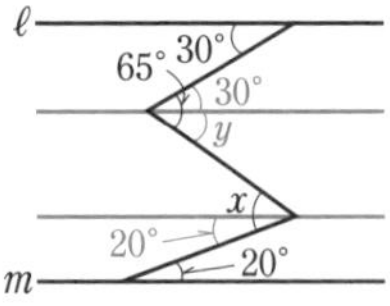

❸ (1) $\angle x+37°=70°+28°$

$\angle x=98°-37°=61°$

(2)

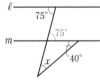

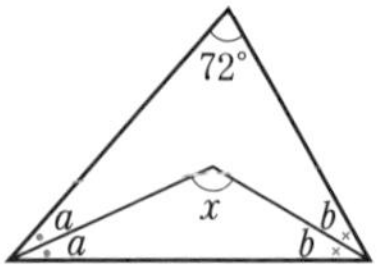

上の図で，$2a+2b+72°=180°$

$2a+2b=108°$  $a+b=54°$

$\angle x+(a+b)=180°$

$\angle x=180°-54°=126°$

(3) 四角形の内角の和は，$180°\times(4-2)$ $=360°$ より，$\angle x$ に対する内角の大きさをまず求める。

(4) 多角形の外角の和は $360°$ より，$\angle x$ に対する外角の大きさをまず求める。

---

## 41 図形の合同

❶ (1) CDM (2) AM＝CM (3) CMD

(4) 2組の辺とその間の角がそれぞれ等しい (5) AB＝CD

❷ △ABD と △CBD で，

仮定から，AB＝CB…①

DA＝DC…②

共通する辺は等しいから，

BD＝BD…③

①，②，③から，3組の辺がそれぞれ等しいので，△ABD≡△CBD

よって，∠ABD＝∠CBD

したがって，BD は∠ABC を2等分する。

**解き方 考え方**

❶ M は辺 AC の中点だから，AM＝CM であることがわかる。

❷ BD が∠ABC を2等分するということは，∠ABD＝∠CBD を証明すればよい。

---

## 42 三角形と四角形

❶ (1) BD (2) BDC (3) BC＝CB

(4) 直角三角形の斜辺と他の1辺
(5) DCB　(6) 2

❷ △OAQ と △OCP で，
平行四辺形の対角線の性質より，
OA＝OC…①
対頂角は等しいから，
∠AOQ＝∠COP…②
仮定から，OQ＝OP…③
①，②，③から，2組の辺とその間
の角がそれぞれ等しいので，
△OAQ≡△OCP
よって，∠OAQ＝∠OCP
したがって，錯角が等しいから，
AQ∥CP

**解き方考え方**

❷ AQ∥CP であることを，平行線になる
条件（錯角が等しいならば，この2直線
は平行である）を利用して証明する。平
行四辺形の性質と三角形の合同条件を
使って，証明していく。

**43** 相似な図形

❶ (1)

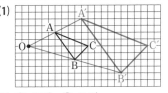

(2) ① OB′　② OC′

❷ (1) 2：3　(2) ∠B＝85°，∠H＝100°

❸ (1) $x = \dfrac{5}{2}$　(2) $x = 21$

**解き方考え方**

❷ (1) BC：FE＝6：9＝2：3
(2) ∠B＝∠F＝85°
∠H＝∠D＝360°－(105°＋85°＋70°)＝100°

❸ (2) 10：15＝14：$x$ だから，
$10x = 15 \times 14$　$x = 21$

**44** 三角形の相似条件

❶ ア と カ…2組の角がそれぞれ等しい。
イ と エ…3組の辺の比がすべて等しい。
ウ と オ…2組の辺の比が等しく，そ
の間の角が等しい。

❷ (1) △ABC∽△DEC
2組の角がそれぞれ等しい。
(2) △ACE∽△DBE
2組の辺の比が等しく，その間の角
が等しい。

**解き方考え方**

❷ (2) △ACE と△DBE において，
CE：BE＝AE：DE＝2：3
対頂角だから，∠AEC＝∠DEB
よって，2組の辺の比が等しく，その間
の角が等しい。

**45** 相似条件と証明

❶ (1) ACE　(2) AEC　(3) 2組の角
(4) 辺の比

❷ △ABE と △CED において，
△ABC は正三角形だから，
∠EAB＝∠DCE＝60°…①
∠BEC＝∠EAB＋∠ABE
＝60°＋∠ABE…②
仮定から，∠BED＝60° より，
∠BEC＝∠BED＋∠CED
＝60°＋∠CED…③
②，③から，∠ABE＝∠CED…④
①，④から，2組の角がそれぞれ等
しいので，△ABE∽△CED

**解き方考え方**

❷ 正三角形はどの角も 60° で等しく，また
∠BEC は △ABE の外角であることか
ら，あてはまる相似条件を導く。

❶ 8.5m

（例）

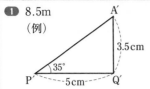

❷ 9m

❸ (1) △ABC と △AED において，
AB：AE＝12：6＝2：1
AC：AD＝(6＋12)：9＝2：1
よって，AB：AE＝AC：AD…①
また，共通する角は等しいから，
∠BAC＝∠EAD…②
①，②から，2組の辺の比が等しく，
その間の角が等しいので，
△ABC∽△AED

(2) 8

**解き方考え方**

❶ $\frac{1}{200}$ の縮図をかくと，A´Q´＝3.5cm

AQ＝3.5×200×$\frac{1}{100}$＝7(m)

よって，AB＝7＋1.5＝8.5(m)

❸ (2) △ABC∽△AED より，対応する辺
の比は等しいので，
CB：DE＝AB：AE
16：DE＝2：1　DE＝8

❶ (1) $x$＝4.5，$y$＝18

(2) $x$＝$\frac{27}{4}$，$y$＝$\frac{72}{7}$

❷ (1) $x$＝3.6 (2) $x$＝4.5

❸ 12cm

**解き方考え方**

❷ (1) $x$：6＝3：5　5$x$＝6×3　$x$＝3.6

(2) $x$：6＝7.5：10　10$x$＝6×7.5

$x$＝4.5

❸ AO：OC＝AD：BC＝10：15＝2：3
EO：BC＝AO：AC＝2：5
EO＝$x$cm とすると，$x$：15＝2：5
$x$＝6
同様にして，OF：AD＝3：5
OF＝$y$cm とすると，$y$：10＝3：5
$y$＝6　よって，EF＝6＋6＝12(cm)

❶ (1) $x$＝6.5 (2) $x$＝18

❷ (1) AD∥EC で，同位角は等しいから，
∠BAD＝∠AEC……①
錯角は等しいから，
∠CAD＝∠ACE……②
AD は ∠A の二等分線だから，
∠BAD＝∠CAD……③
①，②，③から，∠AEC＝∠ACE
2つの角が等しいので，△ACE は二
等辺三角形より，AE＝AC
平行線の比から，BA：AE＝BD：DC
よって，AB：AC＝BD：DC

(2) 6

**解き方考え方**

❶ 中点連結定理を使う。

(1) 対角線 AC をひき，EF との交点を
G とすると，△ABC で，EG＝8÷2＝4
△CAD で，GF＝5÷2＝2.5
よって，$x$＝EG＋GF＝6.5

(2) DF＝12÷2＝6　DG＝12×2＝24
よって，$x$＝24－6＝18

❷ (2) (1)より，(15－$x$)：$x$＝18：12＝3：2
3$x$＝2(15－$x$)　$x$＝6

❶ (1) 2：3 (2) 4：9 (3) $\frac{27}{2}$cm²

❷ (1) 3：4 (2) 27：64 (3) $\frac{64}{27}V$

**解き方考え方**

❶ (2) 相似比が 2：3 だから，面積比は

$2^2 : 3^2 = 4 : 9$

(3) $\triangle DEF$ の面積を $x\mathrm{cm}^2$ とすると，

$6 : x = 4 : 9$　　$4x = 6 \times 9$　　$x = \dfrac{27}{2}$

**❷** (2) **ア**と**イ**の相似比は $3 : 4$ だから，

体積比は $3^3 : 4^3 = 27 : 64$

(3) **イ**の体積を $x\mathrm{cm}^3$ とすると，

$V : x = 27 : 64$　　$x = \dfrac{64}{27}V$

---

## 50　円周角①

**❶** (1) $32°$　(2) $240°$　(3) $105°$　(4) $100°$

　　(5) $50°$　(6) $84°$

**解き方考え方**

**❶** (1) $\angle x = 64° \div 2 = 32°$

(2) $\angle x = 120° \times 2 = 240°$

(3) $\angle x + 25° + 50° = 180°$　$\angle x = 105°$

(4) $\angle x = (20° + 30°) \times 2 = 100°$

(5) O と C を結ぶと，$\triangle BOC$ は二等辺三角形である。$\angle AOC = 58° \times 2 = 116°$

$\angle BOC = 116° - 36° = 80°$

よって，$\angle x = (180° - 80°) \div 2 = 50°$

(6) $\overset{\frown}{CD}$ の円周角は等しいから，

$\angle CAD = 25°$

よって，$\angle x = 25° + 25° + 34° = 84°$

---

## 51　円周角②

**❶** (1) $48°$　(2) $85°$

**❷** (1) $66°$　(2) $42°$

**❸** (1) $55°$　(2) $25°$

**解き方考え方**

**❶** (1) 半円の弧に対する円周角は $90°$

(2) $\overset{\frown}{AB} = \overset{\frown}{AD}$ より，

$\angle ACB = 35°$

$\angle ABC = 120°$

$\angle AOC = 360° - 120° \times 2 = 120°$

よって，$\angle ADC = 120° \div 2 = 60°$

$\triangle ACD$ で，$\angle x = 180° - (35° + 60°) = 85°$

**❷** (1) AD が直径より，$\angle ABD = 90°$

よって，$\angle ADB = 90° - 24° = 66°$

(2) $\overset{\frown}{BC} = \overset{\frown}{AB}$ より，

$\angle BAC = \angle ADB = 66°$

$\angle DAC = 66° - 24° = 42°$

**❸** (2) $\angle ADB = 90°$，$\angle ACB = 90°$ より，点 D，C は AB を直径とする円周上にあると考えられる。よって，4 点 A，B，C，D は 1 つの円周上の点である。

このとき，$\angle BDC$ と $\angle BAC$ は 1 つの弧 BC に対する円周角になるから，

$\angle BDC = \angle BAC = \angle BAD - \angle CAD$

$= 55° - 30° = 25°$

---

## 52　円の性質の利用

**❶** 7cm

**❷** (1) 9　(2) 4.6

**❸** $\triangle ABQ$ と $\triangle BPQ$ において，

仮定から，$\angle BAQ = \angle CAQ$ ……①

$\overset{\frown}{CQ}$ に対する円周角は等しいから，

　　$\angle CAQ = \angle PBQ$ ……②

①，②から，$\angle BAQ = \angle PBQ$ ……③

また，共通する角だから，

　　$\angle BQA = \angle PQB$ ……④

③，④から，2 組の角がそれぞれ等しいので，$\triangle ABQ \backsim \triangle BPQ$

**解き方考え方**

**❶** 円外の 1 点からひいた 2 本の接線の長さは等しいから，$AR = AP = 2\mathrm{cm}$

$BQ = BP = 5 - 2 = 3(\mathrm{cm})$

$CR = CQ = 8 - 3 = 5(\mathrm{cm})$

よって，$AC = AR + CR = 2 + 5 = 7(\mathrm{cm})$

**❷** (1) $\angle A = \angle D$，$\angle C = \angle B$ より，

$\triangle APC \backsim \triangle DPB$　$6 : x = 8 : 12$　$x = 9$

(2) $\angle A = \angle C$，$\angle P$ は共通の角　より，

$\triangle ADP \backsim \triangle CBP$

$(8 + 4) : (x + 5) = 5 : 4$

$5(x + 5) = 48$　$x + 5 = 9.6$　$x = 4.6$

**53 三平方の定理**

- ❶ (1) 15 (2) 9
- ❷ (1) 12cm (2) $2\sqrt{61}$cm
- ❸ (1) ア (2) イ (3) ア (4) ウ
- ❹ $3\sqrt{7}$cm, 15cm

**解き方 考え方**

❶ 右の図の直角三角形で, $a^2+b^2=c^2$ が成り立つ。

(2) $x^2=7^2+(4\sqrt{2})^2$
$x^2=81$
$x>0$ より, $x=9$

❷ (1) $AB^2+(15-10)^2=13^2$

❸ 三平方の定理の逆を使う。

❹ AC が斜辺でないとき,
$AC^2+9^2=12^2$
$AC^2=63$
$AC=3\sqrt{7}$ cm

AC が斜辺のとき,
$AC^2=9^2+12^2$
$AC^2=225$
$AC=15$cm

**54 三平方の定理の利用①**

- ❶ $AH=2\sqrt{5}$ cm, 面積…$8\sqrt{5}$ cm$^2$
- ❷ (1) $4\sqrt{15}$ (2) $x=8$, $y=4\sqrt{6}$
- ❸ (1) $36\sqrt{3}$ cm$^2$ (2) $6\sqrt{7}$ cm
- ❹ $4\sqrt{5}$

**解き方 考え方**

❶ △ABH において,
$BH=8\div2=4$(cm) より,
$AH^2=AB^2-BH^2=20$
$AH>0$ より, $AH=2\sqrt{5}$ cm
$\triangle ABC=\dfrac{1}{2}\times8\times2\sqrt{5}=8\sqrt{5}$ (cm$^2$)

❷ (2) $x:4=2:1$ $x=8$
$CD:AD=\sqrt{3}:1$ より, $CD=4\sqrt{3}$ cm
$y:4\sqrt{3}=\sqrt{2}:1$ $y=4\sqrt{6}$

❸ (1) $AB=6$cm, $AC=6\sqrt{3}$ cm より,

$\square ABCD=6\times6\sqrt{3}=36\sqrt{3}$ (cm$^2$)
(2) $BO^2=AB^2+AO^2=6^2+(3\sqrt{3})^2$ より,
$BO=3\sqrt{7}$ cm, $BD=2BO=6\sqrt{7}$ (cm)

❹ $AB=\sqrt{\{7-(-1)\}^2+\{2-(-2)\}^2}$
$\quad=\sqrt{80}=4\sqrt{5}$

**55 三平方の定理の利用②**

- ❶ (1) $12\sqrt{2}$ cm (2) $16\sqrt{3}$ cm$^2$
- ❷ (1) $4\sqrt{5}$ cm (2) $3\sqrt{5}$ cm
- ❸ $\dfrac{5}{3}$cm

**解き方 考え方**

❶ (2) 正三角形 ABC の高さは,
$8\times\dfrac{\sqrt{3}}{2}=4\sqrt{3}$ (cm) だから,
$\triangle ABC=\dfrac{1}{2}\times8\times4\sqrt{3}=16\sqrt{3}$ (cm$^2$)

❷ (1) 弦 AB の中点を M とすると,
$AB=2AM=2\sqrt{6^2-4^2}$
$\quad=2\times2\sqrt{5}=4\sqrt{5}$ (cm)

❸ 右の図で,
$MF=DF$
△CFM において,
$CF=x$cm とする
と, $DF=6-x$(cm)
であるから,
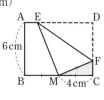
三平方の定理より, $(6-x)^2=x^2+4^2$
$36-12x+x^2=x^2+16$ $x=\dfrac{5}{3}$

**56 三平方の定理の利用③**

- ❶ (1) $3\sqrt{89}$cm$^2$ (2) $5\sqrt{5}$ cm
- ❷ $4\sqrt{5}$ cm
- ❸ (1) 36cm$^3$ (2) $2\sqrt{3}$ cm

**解き方 考え方**

❶ (1) △EFG において, $EG^2=5^2+8^2=89$
$EG>0$ より, $EG=\sqrt{89}$cm
$\triangle AEG=\dfrac{1}{2}\times\sqrt{89}\times6=3\sqrt{89}$(cm$^2$)

(2) △AEG において, $AG^2=6^2+89=125$

AG>0 より，AG=$5\sqrt{5}$ cm

**❷** 右の図は，展開図の一部で，かける糸の長さがもっとも短くなるときである。

AG$^2$=AE$^2$+EG$^2$=4$^2$+(5+3)$^2$=80
AG>0 より，AG=$\sqrt{80}$=$4\sqrt{5}$ (cm)

**❸** (2) 正三角形 ACF の 1 辺の長さは
$6\sqrt{2}$ cm より，高さが $3\sqrt{6}$ cm となり，
$\triangle$ACF=$\frac{1}{2}\times6\sqrt{2}\times3\sqrt{6}$=$18\sqrt{3}$ (cm$^2$)
求める垂線の長さを $h$ cm とすると，三角錐 ABCF の体積から，
$\frac{1}{3}\times18\sqrt{3}\times h$=36  $h$=$\frac{6}{\sqrt{3}}$=$2\sqrt{3}$

---

## 57 三平方の定理の利用 ④

**❶** (1) $(36+36\sqrt{3})$ cm$^2$  (2) $36\sqrt{2}$ cm$^3$
**❷** (1) 6cm  (2) $144\sqrt{2}\,\pi$ cm$^3$
**❸** $4\sqrt{7}$ cm

---

**解き方 考え方**

**❶** (1) 正三角形 OAB=$\frac{1}{2}\times6\times3\sqrt{3}$
=$9\sqrt{3}$ (cm$^2$)
よって，表面積=底面積+4$\times\triangle$OAB より，
6$\times$6+4$\times$9$\sqrt{3}$=36+36$\sqrt{3}$ (cm$^2$)
(2) AH=$6\sqrt{2}\div2$=$3\sqrt{2}$ (cm)
$\triangle$OAH で三平方の定理より，
OH$^2$=OA$^2$-AH$^2$=6$^2$-$(3\sqrt{2})^2$=18
OH>0 より，OH=$\sqrt{18}$=$3\sqrt{2}$ (cm)
よって，体積は，$\frac{1}{3}\times6\times6\times3\sqrt{2}$
=$36\sqrt{2}$ (cm$^3$)

**❷** (1) 底面の半径を $r$ cm とすると，
$2\pi r$=$2\pi\times18\times\frac{120}{360}$  $r$=6

(2) 組み立てると，右の図のような円錐になる。
この円錐の高さは
$\sqrt{18^2-6^2}$=$12\sqrt{2}$ (cm)

---

体積は，
$\frac{1}{3}\times\pi\times6^2\times12\sqrt{2}$=$144\sqrt{2}\,\pi$ (cm$^3$)

**❸** 右の図のように，展開図の一部をかくと，CP+PM が最小の長さになる

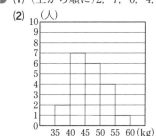

のは，MC である。$\triangle$OMC は直角三角形で，
OM=$4\sqrt{3}$ cm より，
MC$^2$=OM$^2$+OC$^2$=$(4\sqrt{3})^2$+8$^2$=112
MC>0 より，MC=$4\sqrt{7}$ cm

▶ **データの活用**

## 58 資料の整理

**❶** (1) （上から順に）2，7，6，4，1，20
(2)

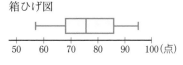

(3) 0.35  (4) 42.5

**❷** (1) 第 1 四分位数…68 点
第 2 四分位数（中央値）…76 点
第 3 四分位数…86 点
(2) 四分位範囲…18 点
箱ひげ図

---

**解き方 考え方**

**❶** (3) 7÷20=0.35
(4) 度数分布表では，度数のもっとも多い階級の階級値を最頻値（さいひんち）とします。

**❷** (1) データの値を大きさの順に並べると，
57, 64, (68), 71, [74, 78], 83, (86), 90, 95
下の組　　中央値　　上の組

第1四分位数は，下の組の中央値で68点
第2四分位数(中央値)は，
$\dfrac{74+78}{2}=76$(点)
第3四分位数は，上の組の中央値で86点
**(2)** 四分位範囲＝第3四分位数－第1四分位数＝$86-68=18$(点)

---

## 59 確 率

**❶** (1) $\dfrac{1}{2}$　(2) $\dfrac{7}{36}$　(3) $\dfrac{7}{8}$

**❷** $\dfrac{2}{3}$

**❸** (1) $\dfrac{5}{6}$　(2) $\dfrac{3}{4}$

### 解き方 考え方

**❶** (2) さいころの目の出方は全部で36通り。
出る目の数の和が5の倍数になるのは，
$(1, 4)$，$(2, 3)$，$(3, 2)$，$(4, 1)$，$(4, 6)$，
$(5, 5)$，$(6, 4)$の7通りだから，確率は
$\dfrac{7}{36}$

(3) 3枚のコインを投げるときの表・裏の出方は，(表，表，表)，(表，表，裏)，(表，裏，表)，(表，裏，裏)，(裏，表，表)，(裏，表，裏)，(裏，裏，表)，(裏，裏，裏)の8通り
あてはまる場合は，(裏，裏，裏)以外で7通りだから，確率は$\dfrac{7}{8}$

**❷** 3けたの整数は345，354，435，453，534，543の6通り。そのうち奇数は4通りだから，確率は$\dfrac{4}{6}=\dfrac{2}{3}$

**❸** 4本のくじで，当たりくじを①，②，はずれくじを3，4とする。
**(1)** くじをもどさないで起こりうるすべての場合は，次の図のように12通りある。

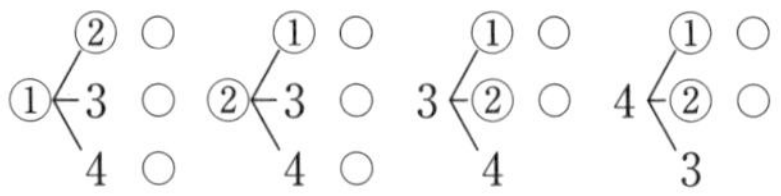

少なくとも1本が当たる場合は○印をつけた10通りだから，
求める確率は$\dfrac{10}{12}=\dfrac{5}{6}$

**(2)** くじをもどして起こりうるすべての場合は，次の図のように16通りある。

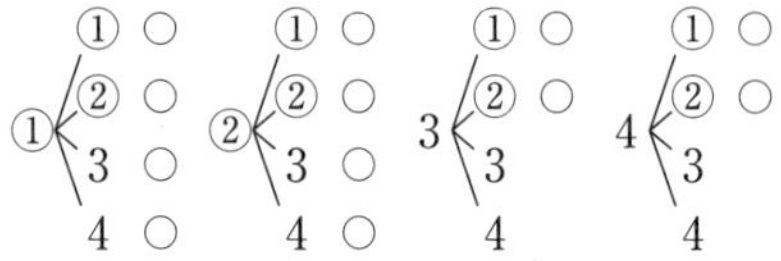

少なくとも1本が当たる場合は○印をつけた12通りだから，
求める確率は$\dfrac{12}{16}=\dfrac{3}{4}$

---

## 60 標本調査

**❶** **(1)** 標本調査　**(2)** 全数調査
　　**(3)** 全数調査　**(4)** 標本調査

**❷** およそ105個

**❸** およそ60個

**❹** およそ340個

### 解き方 考え方

**❷** 無作為に抽出していれば，赤玉と白玉の割合は，袋の中全体の玉と取り出した玉では，およそ等しいと考えられる。
赤玉の個数を$x$個とすると，
$350 : x = 30 : 9$　$x = 350 \times \dfrac{3}{10} = 105$

**❸** 不良品がおよそ$x$個ふくまれているとすると，$10000 : x = 500 : 3$
$x = 10000 \times \dfrac{3}{500} = 60$

**❹** 袋の中の白玉の個数を$x$個とすると，
$(x+60) : 60 = 20 : 3$
$3(x+60) = 1200$　$x+60 = 400$　$x = 340$